合格問題集

【改訂新版】

長 信一◉[著] Shinichi Cho

本書の使い方 本書の構成は大きく4つのパートに分かれています。

※ 2023年7月、原動機付自転車は一般原動機付自転車に名称が変わりました。交通ルール等は、従来通りで変更はないため、本書の表記は「原動機付自転車」としています。

Part2 交通ルール徹底解説&一問一答 ➡P20〜84

わかりやすいイラストで交通ルールを学び、項目ごとに設けた一問一答問題で復習します。

（徹底解説）

イラストで徹底解説 わかりやすいイラストでやさしく解説

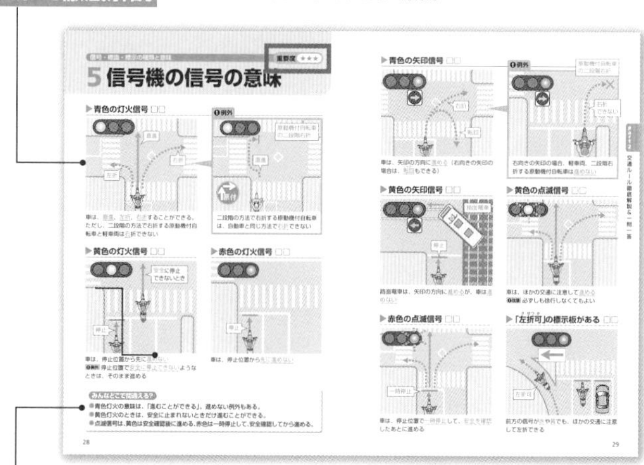

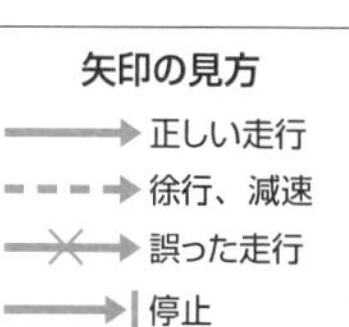

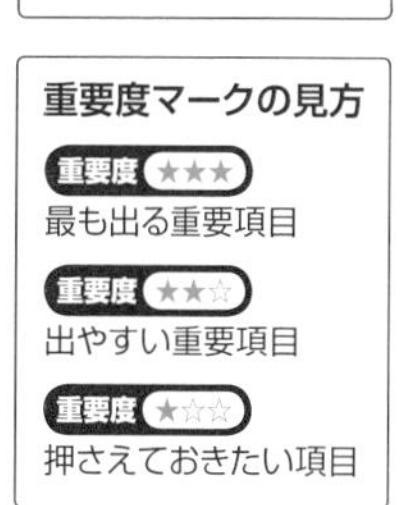

みんなどこで間違える? 試験によく出る交通ルールや見落としがちな交通ルールを覚えて点数アップ!

（一問一答）

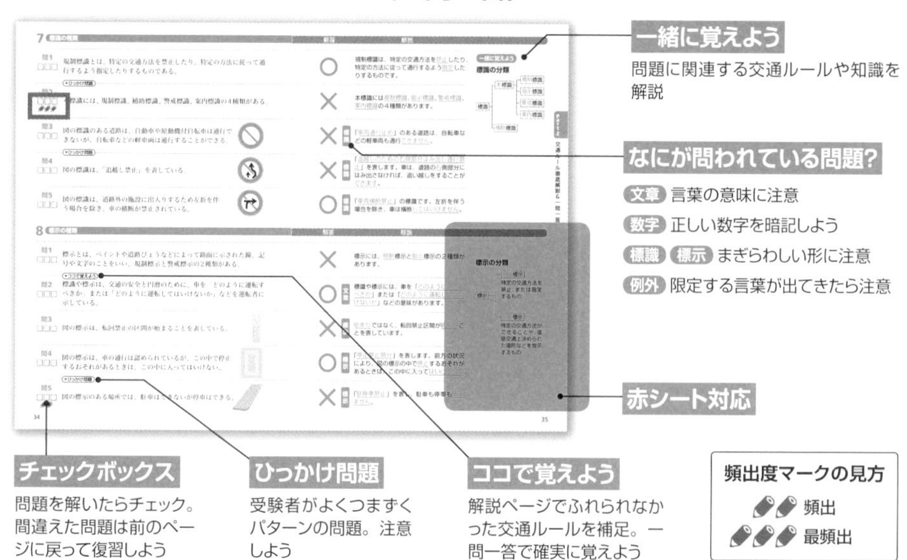

一緒に覚えよう
問題に関連する交通ルールや知識を解説

なにが問われている問題?
文章 言葉の意味に注意
数字 正しい数字を暗記しよう
標識 標示 まぎらわしい形に注意
例外 限定する言葉が出てきたら注意

赤シート対応

チェックボックス
問題を解いたらチェック。間違えた問題は前のページに戻って復習しよう

ひっかけ問題
受験者がよくつまずくパターンの問題。注意しよう

ココで覚えよう
解説ページでふれられなかった交通ルールを補足。一問一答で確実に覚えよう

頻出度マークの見方
✎✎ 頻出
✎✎✎ 最頻出

Part1

ひっかけ対策はこれでバッチリ!

➡P8〜18

受験者が間違えやすいポイントを出題傾向ごとに分類。傾向ごとの対策をわかりやすく解説します。

関連ページ
本文の解説ページを掲載

類似問題
なにを問われているか、違いを判断しながら答えよう

解説
出題傾向を徹底解説。赤シートを使いながら覚えよう

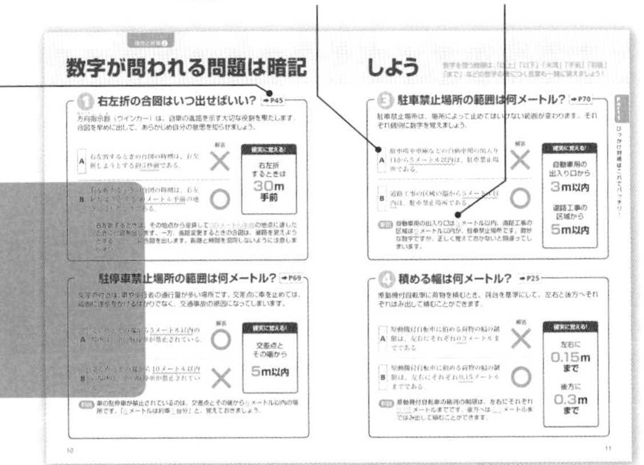

赤シート対応
赤シートを使って、解答・解説を隠しながら解いていこう

制限時間
時間内にすべての問題を解答しよう

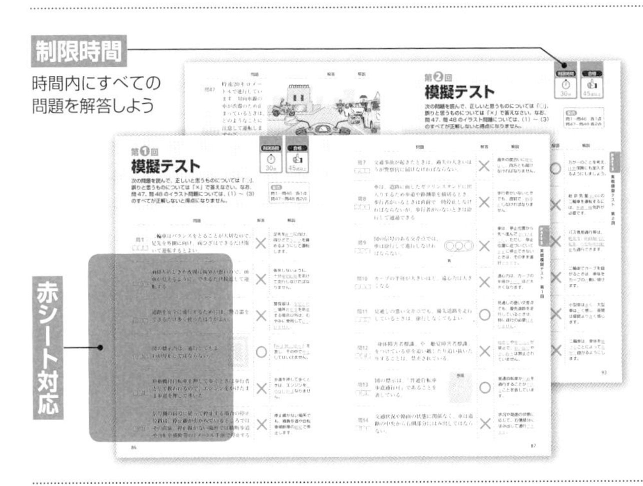

赤シート対応

Part3

実戦模擬テスト

➡P86〜127

試験の出題傾向を分析して問題を作成。実際の試験と同じ形式で、模擬テスト6回分を収録しました。

別冊

試験直前!交通ルール最終確認BOOK

試験直前の最終チェックに最適。赤シートを使って理解度を確認しましょう。

- まぎらわしい標識・標示に注意!
- 必ず覚えたい! 重要交通用語25
- 試験に出る場所をチェック!
- 試験直前! 頻出おさらい問題
- 試験当日までの準備チェックリスト

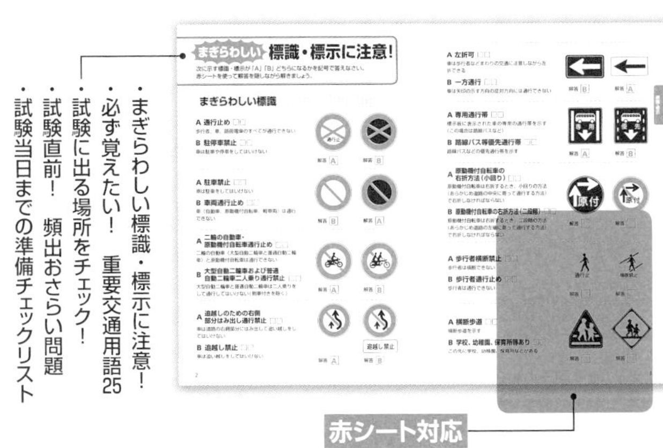

赤シート対応

Contents

Part1 ひっかけ対策はこれでバッチリ!

Part2 交通ルール徹底解説&一問一答

Part3 実戦模擬テスト

別冊『試験直前！交通ルール最終確認BOOK』

●本文デザイン·DTP／株式会社シーツ·デザイン　●本文イラスト／神林光二　●編集·制作／有限会社ヴュー企画

受験ガイド

受験できない人

・年齢が 16 歳未満の人
・免許を拒否された日から起算して、指定された期間を経過していない人
・免許を保留されている人
・免許を取り消された日から起算して、指定された期間を経過していない人
・免許の効力が、停止または仮停止されている人
※一定の病気等に該当するかどうかを調べるため、症状に関する質問表を提出してもらいます。

適性試験の内容

視力検査
両眼で 0.5 以上あれば合格。片方の目が見えない人でも、見えるほうの視力が 0.5 以上で視野が 150 度以上あればよい。眼鏡、コンタクトレンズの使用も認められている。

色彩識別能力検査
信号機の色である「赤・黄・青」を見分けることができれば合格。

運動能力検査
手足、腰、指などの簡単な屈伸運動をして、車の運転に支障がなければ合格。義手や義足の使用も認められている。
※身体や聴覚に障害がある人は、あらかじめ運転適性相談を受けてください。

学科試験の内容

出題内容
国家公安委員会が作成した「交通の方法に関する教則」の内容の範囲内から出題される。（本書は、この内容に準拠し、わかりやすく解説してあります。）

試験の方法
筆記試験。配布された試験問題を読んで正誤を判断し、別紙の解答用紙（マークシート）に記入する。

合格基準
90%以上の成績であること。

学科試験
文章問題（1 問 1 点）が 46 問、イラスト問題（1 問 2 点）が 2 問出題され、45 点以上であれば合格。制限時間は 30 分。

原付講習について
3 時間の実技講習あり。実際に原動機付自転車に乗り、操作の方法などを練習する。

Part 1

ひっかけ対策は これでバッチリ!

みんなが学科試験で間違えやすい
問題パターンを覚えて、
得点力をアップしよう!

みんながよく間違える文章

❶ 問題文は最後までよく読もう！

日本語は、文末で肯定か否定をする少しやっかいな言語です。最後まで読まないと、イエスかノーが逆転してしまいます。問題文は最後までしっかり読んで解答しましょう。

	問題	解答
A	重い荷物を積んで車を運転するときは、積み荷の重心が高いほど安定した走行ができる。	 ×
B	重い荷物を積んで車を運転するときは、積み荷の重心が高いほど安定した走行ができない。	○

ココをチェック！
できる or できない

解説 積み荷は、重心が高いほど安定した走行ができなくなります。

❷ 交通用語の意味を正しく覚えよう！

学科試験の問題文には交通用語がよく出てきます。その意味を知らないと、答えられない問題がたくさんあります。交通用語は、その意味を正しく覚えるようにしましょう。

	問題	解答
A	追い越しとは、車が進路を変えて進行中の前車の前方に出ることをいう。	 ○
B	追い抜きとは、車が進路を変えて進行中の前車の前方に出ることをいう。	 ×

ココをチェック！
追い越し or 追い抜き

解説 追い越しとは車が進路を変えて進行中の前車の前方に出ることをいい、追い抜きとは車が進路を変えずに進行中の前車の前方に出ることをいいます。

問題はコレ！

よく似た2つの例題をよく見比べてみましょう。
そこには解答のヒントが潜んでいます！

③ 強調文は例外がないか考えよう！

文中に「必ず」「絶対に」「どんな場合でも」などの限定の言葉があったときは、注意が必要です。ルールには原則と例外がありますが、本当に例外はないのかをよく考えて判断しましょう。

解答

A 右図の標識のあるところは、どんな場合でも車の通行が禁止されている。 ×

B 右図の標識のあるところは、原則として車の通行が禁止されている。 ○

ココをチェック！
どんな場合でも or 原則として

解説 「歩行者等専用」の標識です。原則として車の通行は禁止されていますが、例外として沿道に車庫を持つ車などで特に通行が認められた場合は、通行することができます。

④ 数字を問われる問題。以下は含み、未満は含まない！

数字に関する対策は次のページでも述べますが、その数字を含むか含まないかが重要になってきます。例えば、5メートル以下といえば5メートルは含み、5メートル未満といえば5メートルは含みません。

解答

A 原動機付自転車の荷台に積載できる荷物の重さは、30キログラム以下とされている。 ○

B 原動機付自転車の荷台に積載できる荷物の重さは、30キログラム未満とされている。 ×

ココをチェック！
以下 or 未満

解説 原動機付自転車の積荷の制限は、30キログラム以下です。ちょうど30キログラムの荷物は積むことができます。Aは30キログラムを含みますが、Bは30キログラムを含みません。

数字が問われる問題は暗記

① 右左折の合図はいつ出せばいい？ ➡P45

方向指示器（ウインカー）は、自車の進路を示す大切な役割を果たします。合図を早めに出して、あらかじめ自分の意思を知らせましょう。

解答

A 右左折するときの合図の時期は、右左折しようとする約3秒前である。

B 右左折するときの合図の時期は、右左折しようとする30メートル手前の地点に達したときである。

確実に覚える!
右左折するときは **30m** 手前

解説 右左折するときは、その地点から逆算して30メートル手前の地点に達したときに合図を出します。一方、進路変更するときの合図は、進路を変えようとする約3秒前に合図を出します。距離と時間を混同しないように注意しましょう。

② 駐停車禁止場所の範囲は何メートル？ ➡P69

交差点付近は、車や歩行者の通行量が多い場所です。交差点に車を止めては、周囲に迷惑をかけるばかりでなく、交通事故の原因になってしまいます。

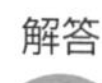

A 交差点とその端から5メートル以内の場所は、車の駐停車が禁止されている。

B 交差点とその端から10メートル以内の場所は、車の駐停車が禁止されている。

確実に覚える!
交差点とその端から **5m以内**

解説 車の駐停車が禁止されているのは、交差点とその端から5メートル以内の場所です。「5メートルは約車1台分」と、覚えておきましょう。

しよう

数字を問う問題は、「以上」「以下」「未満」「手前」「前後」「まで」などの数字の後につく言葉も一緒に覚えましょう！

③ 駐車禁止場所の範囲は何メートル？ ➡P70

駐車禁止場所は、場所によって止めてはいけない範囲が変わります。それぞれ個別に数字を覚えましょう。

解答

A 駐車場や車庫などの自動車用の出入り口から5メートル以内は、駐車禁止場所である。

B 道路工事の区域の端から5メートル以内は、駐車禁止場所である。

○

解説 自動車用の出入り口は3メートル以内、道路工事の区域は5メートル以内が、駐車禁止場所です。微妙な数字ですが、正しく覚えておかないと間違ってしまいます。

確実に覚える!

自動車用の出入り口から
3m以内

道路工事の区域から
5m以内

④ 積める幅は何メートル？ ➡P25

原動機付自転車に荷物を積むとき、荷台を基準にして、左右と後方へそれぞれはみ出して積むことができます。

解答

A 原動機付自転車に積める荷物の幅の制限は、左右にそれぞれ0.3メートルまでである。

B 原動機付自転車に積める荷物の幅の制限は、左右にそれぞれ0.15メートルまでである。

解説 原動機付自転車の積荷の制限は、左右にそれぞれ0.15メートルまでです。後方へは0.3メートルまではみ出して積むことができます。

確実に覚える!

左右に
0.15m
まで

後方に
0.3m
まで

標識問題は違いと意味を覚

1 似ているデザイン。どっちがどっち？

解答

A

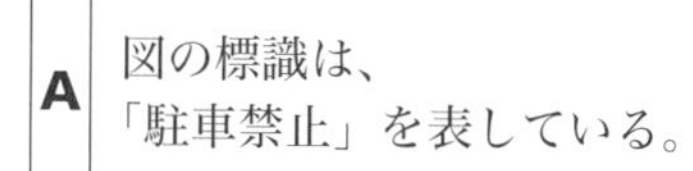
図の標識は、
「駐車禁止」を表している。

「車両通行止め」

B

図の標識は、
「駐車禁止」を表している。

「駐車禁止」

解説 Aは「車両通行止め」を表し、車（自動車、原動機付自転車、軽車両）は通行できません。Bは「駐車禁止」を表し、車の駐車が禁止されています。

2 補助標識があるか？ ないか？

解答

A

図の標識は「追越し禁止」を表し、車は追い越しをしてはいけない。

「追越し禁止」

B

図の標識は「追越しのための右側部分はみ出し通行禁止」を表し、車は道路の右側部分にはみ出して追い越しをしてはいけない。

「追越しのための右側部分はみ出し通行禁止」

解説 Aは「追越し禁止」、Bは「追越しのための右側部分はみ出し通行禁止」の標識です。Aは追い越す行為そのものを禁止しているのに対し、Bは道路の右側部分にはみ出さなければ追い越しできます。

よく似た2つの標識の違いと意味を理解しましょう。
形や色が似ていても意味はまったく違います！

③ 青矢印？ 白矢印？ どうちがう？

解答

A 図の標識は「一方通行」を表し、車は矢印の示す反対方向には通行できない。

「左折可」

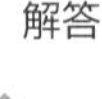

B 図の標識は「左折可」を表し、車は前方の信号が赤色や黄色であっても、歩行者などまわりの交通に注意しながら左折することができる。

「一方通行」

解説 Aは「左折可」を表し、車は前方の信号が赤色や黄色であっても、歩行者などまわりの交通に注意しながら左折することができます。Bは「一方通行」を表し、車は矢印の示す反対方向には通行できません。

④ 数字の下に線があるか？ ないか？

解答

A 図の標識は「最高速度」を表し、自動車は時速30キロメートルを超えて運転してはいけない。

「最高速度」

B 図の標識は「最高速度」を表し、自動車は時速30キロメートルを超えて運転してはいけない。

「最低速度」

解説 Aは「最高速度」、Bは「最低速度」を表します。Bは、「自動車は時速30キロメートル以上の速度で運転しなければならない」という意味です。

引っかけ問題の着目点はコ

❶ こう配が急な坂で追い越しが禁止されているのは、「上りと下り」?「下りだけ」?

➡P73

解答

A こう配の急な下り坂は、追い越しが禁止されているが、こう配の急な上り坂は禁止されていない。 ○

B こう配の急な坂は、上りも下りも追い越しが禁止されている。 ×

解説 追い越しが禁止されているのは、こう配の急な下り坂に限ります。こう配の急な上り坂は、追い越しが禁止されていません。

❷ 赤色の灯火の信号と同じなのは、警察官の正面に対して、「平行する交通」?「平行する交通に交差する交通」?

➡P30

解答

A 交差点で警察官が図のような手信号をしているときは、警察官の身体の正面に平行する交通は、赤色の灯火の信号と同じである。 ×

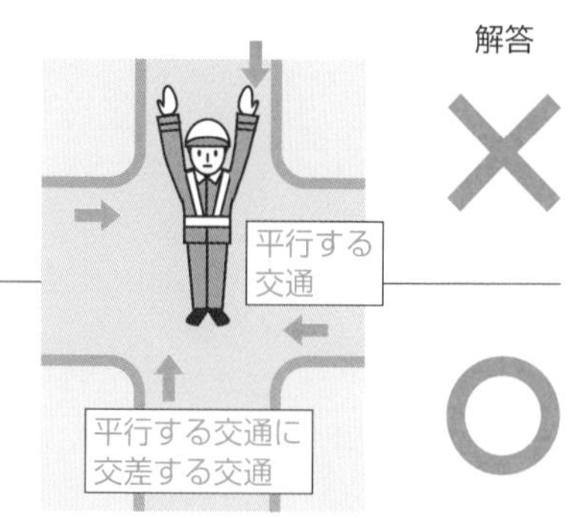

B 交差点で警察官が図のような手信号をしているときは、警察官の身体の正面に平行する交通に交差する交通は、赤色の灯火の信号と同じである。 ○

解説 警察官の身体に対して、平行する交通は黄色、平行する交通に交差する交通（つまり対面する交通のことです）は、赤色の灯火の信号と同じです。

例題のAとBはどちらかが引っかけ問題です。
2つの表現の違いを比較してみましょう!

③ 踏み切りの駐停車禁止場所は、「前後」?「手前だけ」? ➡P69

解答

A 踏切とその手前10メートル以内の場所は駐停車が禁止されているが、その向こう側10メートル以内の場所も禁止されている。 ○

B 踏切とその手前10メートル以内の場所は駐停車が禁止されているが、その向こう側10メートル以内の場所は禁止されていない。 ×

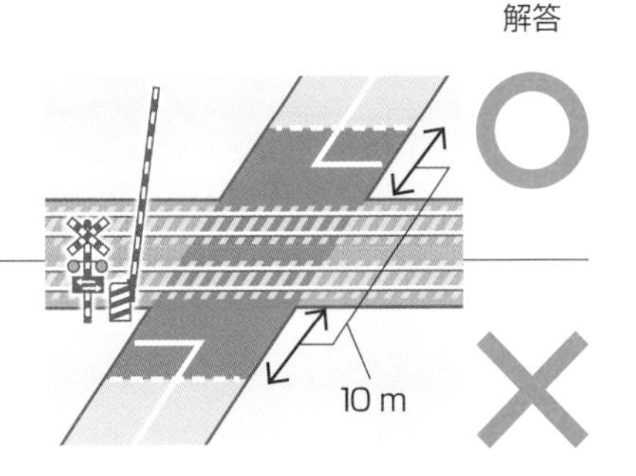

解説 駐停車が禁止されているのは、踏切とその前後10メートル以内の場所です。踏切は危険な場所なので、手前も向こう側も、駐停車が禁止されています。

④ 右向きの青色矢印信号、「右折可、転回不可」?「右折と転回可」? ➡P29

解答

A 交差点で図のような信号に対面したとき、車は右折はできるが、転回(てんかい)はできない(二段階の方法で右折する原動機付自転車と軽車両(けいしゃりょう)を除く)。 ×

B 交差点で図のような信号に対面したとき、車は右折と転回の両方ができる(二段階の方法で右折する原動機付自転車と軽車両を除く)。 ○

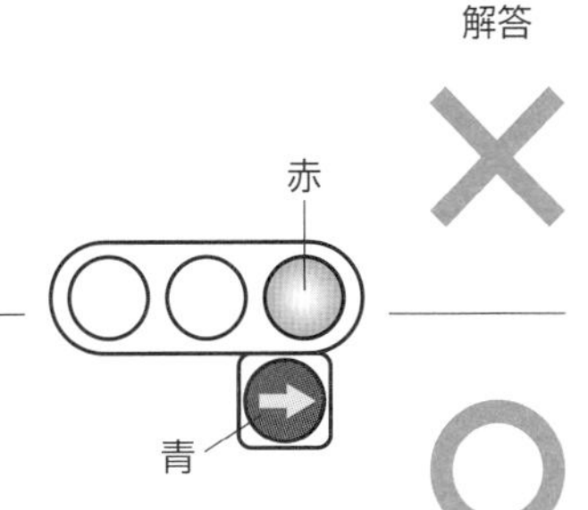

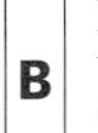
解説 図の信号では、車(二段階の方法で右折する原動機付自転車と軽車両は除きます)は、右折も転回もできます。ただし、その交差点が転回禁止区間の場合はできません。

イラスト問題は「～かもしれない」

質問

**10km/hで走行しています。
どのようなことに注意して運転しますか？**

予測①
バスに衝突するかもしれない

予測②
バスの前方から歩行者が出てくるかもしれない

予測③
対向車が来て衝突するかもしれない

予測④
歩道の歩行者が道路を横断するかもしれない

予測⑤
バスが発進するかもしれない

予測⑥
後続車が追突するかもしれない

と考えて解こう

以下のイラストを見て、どこに危険が潜んでいるか予測してみましょう！

予測結果

予測❶

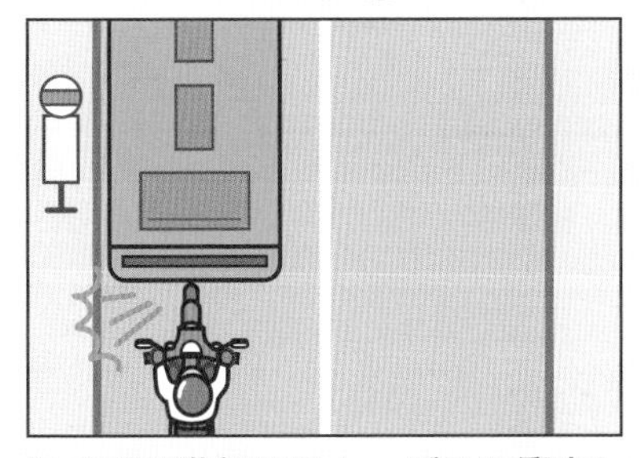

このまま進行すると、バスに衝突してしまう

予測❷

バスの前方から歩行者が出てきて、接触してしまう

予測❸

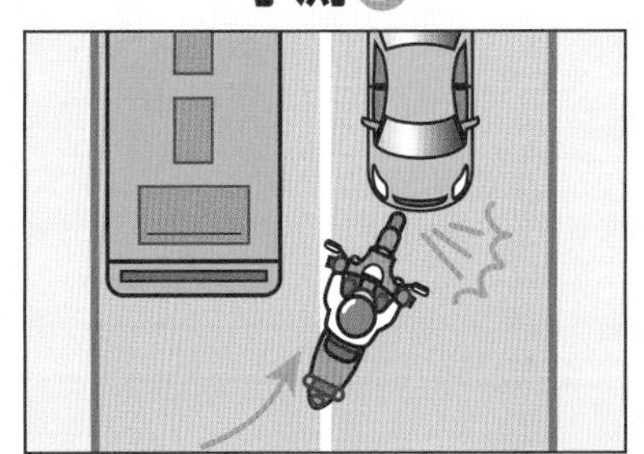

バスを避けて進行すると、対向車と衝突してしまう

予測❹

歩行者が出てきて、接触してしまう

予測❺

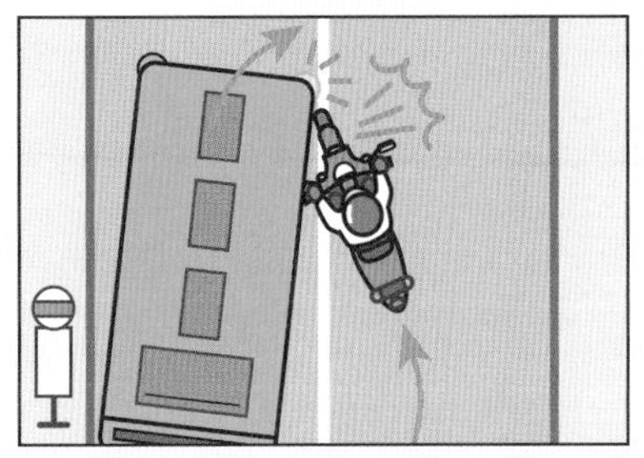

バスが発進して、衝突してしまう

予測❻

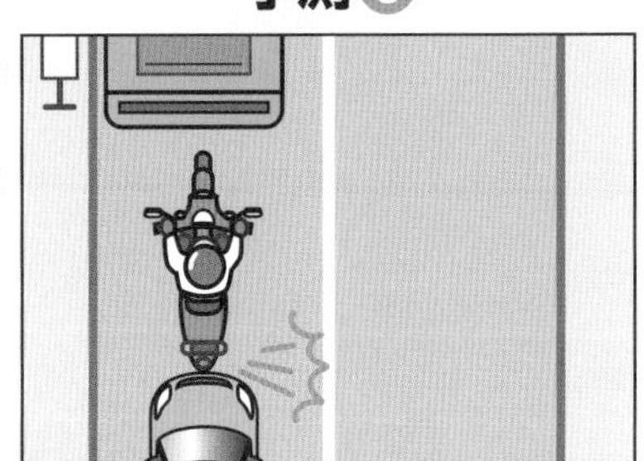

急に停止すると、後続車に追突されてしまう

ルールには例外がある!?

ほとんどの交通ルールには例外があります。問題が原則を聞いているのか、例外を聞いているのかを判断して解答しましょう！

① 信号機「黄色」の原則と例外 ➡P28

解答

A 図の信号に対面した車は、停止位置から先へ進んではいけない。　○

B 図の信号に対面した車は、安全に停止できない場合であっても停止位置から先へ進んではいけない。　×

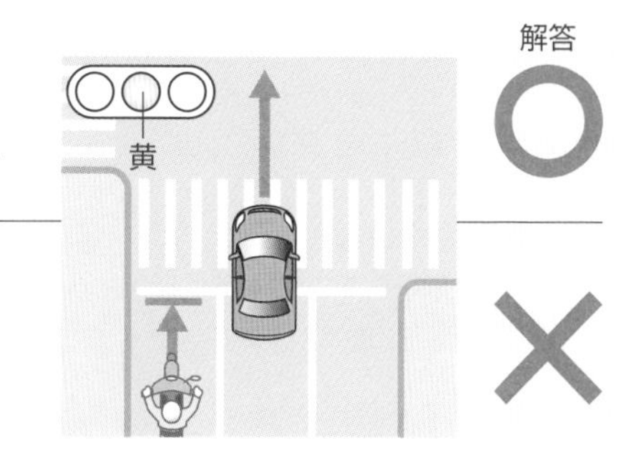

解説 原則 黄色の灯火信号は、停止位置から先へ進んではいけません。
例外 しかし、停止位置に近づいていて安全に停止できない場合は、そのまま進行することができます。

② 車道通行の原則と例外 ➡P39

解答

A 車は、歩道や路側帯（ろそくたい）と車道の区別のある道路では、車道を通行する。　○

B 車は、道路に面した場所に出入りするため道路を横切るときは、歩道や路側帯を通行できる。　○

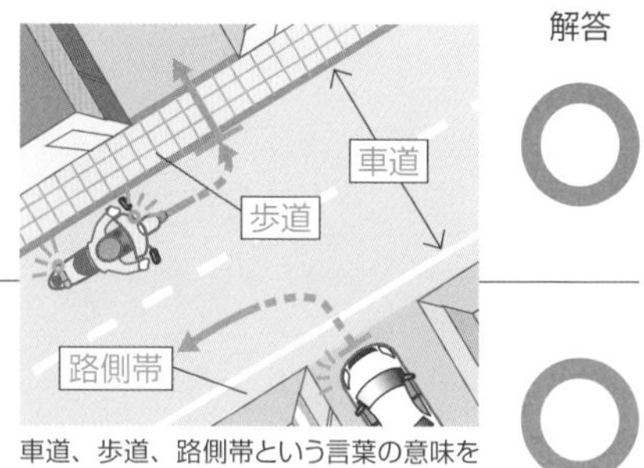

車道、歩道、路側帯という言葉の意味を理解しよう。

解説 原則 車は車道を通行しなければなりません。
例外 しかし、道路に面した場所に出入りするため道路を横切るときは、歩道や路側帯を通行することができます。

Part 2

交通ルール徹底解説&一問一答

試験によく出題される
交通ルールを厳選!
復習問題で確実に暗記しよう!

重要度 ★★☆

1 運転前に注意すること

▶運転免許証の確認 □□

その車を運転できる免許証を所持しているか確かめる。所持しないと「免許証不携帯」になる

▶車の運転を控えるとき □□

疲れているとき、心配事があるとき、眠気をもよおす薬を服用しているときなどは、運転しないようにする

▶保険証明書の確認 □□

強制保険（自賠責保険または責任共済）の証明書を備え付けているか確かめる

▶車を運転してはいけないとき □□

酒を飲んでいるとき、覚醒剤やシンナーの影響を受けているときなどは、運転してはいけない

みんなどこで間違える?

- 2時間に1回は休憩をとる。
- スマートフォンなどの携帯電話は使用禁止。
  走行中は電源を切るか、ドライブモードにする。

重要度 ★☆☆

2 原動機付自転車の点検

▶日常点検を行う □□

原動機付自転車を運転するときは、日常点検を行わなければならない

▶整備不良車は運転しない □□

点検で異常が見つかったら、その車を運転してはいけない

▶原動機付自転車の主な点検内容 □□

タイヤ

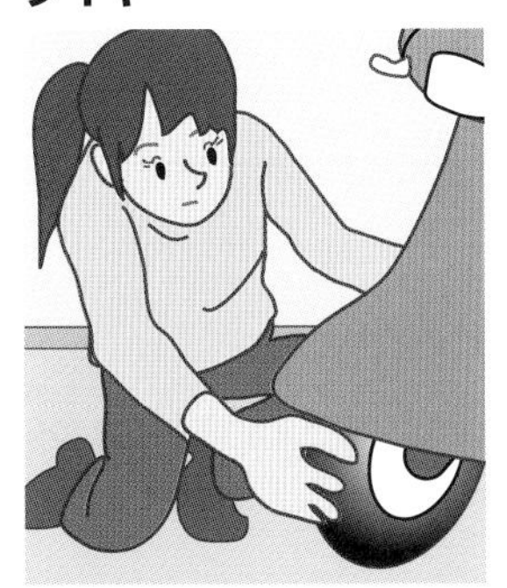

空気圧は十分か、みぞはすり減っていないか、異物が刺さっていないかなど

灯火類

前照灯、制動灯、方向指示器(ほうこうしじき)は、正常につくかなど

ブレーキ

ブレーキレバー、ブレーキペダルのあそび、効きは十分かなど

みんなどこで間違える?

- ブレーキレバー、ブレーキペダルにはあそびが必要。
- 灯火類がつかない車は、昼間でも運転してはいけない。

1 運転前に注意すること

▼ココで覚えよう

問1 □□□
車を運転する場合、交通規則を守ることは道路を安全に通行するための基本であるが、事故を起こさない自信があれば必ずしも守る必要はない。

▼ココで覚えよう

問2 □□□
自動車や原動機付自転車を運転するときは、運転免許証を携帯し、眼鏡等使用などの記載されている条件を守らなければならない。

問3 □□□
気分が不安定なときやひどく疲れているとき、身体の調子が悪いときは、事故を起こしやすいので運転をしないようにする。

問4 □□□
車を運転しているときにスマートフォンなどの携帯電話で通話をすることは禁止されているが、メールの読み書きは運転に与える影響が少ないので禁止されていない。

▼ひっかけ問題

問5 □□□
交通事故を起こすと自動車損害賠償責任保険か責任共済の証書が必要となるので、紛失しないようにコピーしたものを車に備える。

2 原動機付自転車の点検

▼ココで覚えよう

問1 □□□
タイヤにウェアインジケーター（摩擦限度表示）が現われても、雨の日以外はスリップの心配はない。

問2 □□□
タイヤは、空気圧、亀裂や損傷、釘や石などの異物の有無、異常な磨耗、溝の深さについて点検する。

▼ココで覚えよう

問3 □□□
バッテリーの液量は減ることがないので、点検しなくてもよい。

問4 □□□
原動機付自転車を運転するときは、走行距離や運行時の状態などから判断した適切な時期に日常点検をしなければならない。

問5 □□□
二輪車のチェーンは、中央部を指で押したとき、ゆるみがなくピーンと張っているのがよい。

解答	解説
	自信過剰な人ほど、事故を起こしやすい傾向があります。
	運転免許証を携帯し、記載されている条件を守って運転しなければなりません。
	気分や体調が悪いときは、運転に集中できなくなり危険なので、運転をしないようにしましょう。
	運転中のスマートフォンなどの使用は、通話に限らずメールの読み書きも禁止されています。
	コピーではなく、自賠責保険か責任共済の証明書を車に備え付けます。

一緒に覚えよう

運転中は携帯電話等を絶対に使用しないで!

いわゆる「ながらスマホ」による交通事故が多発しています。原動機付自転車を運転中にスマートフォンなどを使用すると…
①罰則：6か月以下の懲役または30万円以下の罰金
②反則金：1万2千円
③点数：3点
さらに「ながらスマホ」が原因で交通事故を起こすと…
①罰則：1年以下の懲役または10万円以下の罰金
②反則金：反則金制度の対象外となり、すべて罰則の対象に
③点数：6点（免許停止）

解答	解説
	雨の日以外でもスリップするおそれがあるので、タイヤを交換します。
	タイヤの点検は、設問のようなことについて行います。
	バッテリー液は自然蒸発によって減るので、液量の点検が必要です。
	日常点検は、日ごろから自分自身の責任において行う点検です。
	二輪車のチェーンは、適度なゆるみが必要です。

一緒に覚えよう

日常点検の方法

二輪車は車のまわりから点検する。

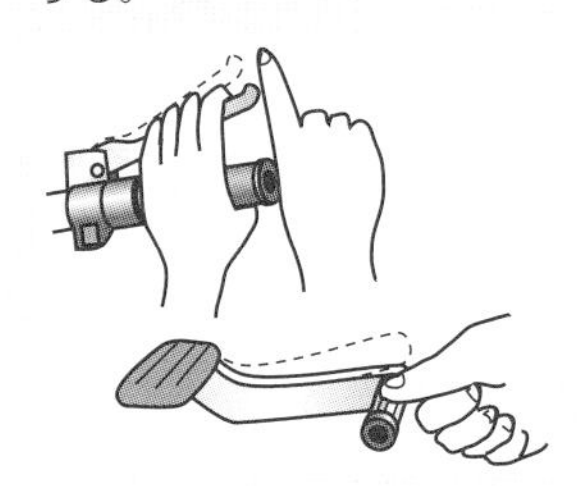

重要度 ★☆☆

3 運転免許の種類

▶運転免許の種類 □□

第一種運転免許

自動車や原動機付自転車を運転するときに必要な免許

第二種運転免許

バスやタクシーなどの旅客自動車を営業運転するとき、代行運転自動車を運転するときに必要な免許

仮運転免許

第一種運転免許を取得しようとする人が、運転練習などのために大型・中型・準中型・普通自動車を運転するときに必要な免許

▶第一種免許の種類と運転できる車 □□

免許の種類＼運転できる車	大型自動車	中型自動車	準中型自動車	普通自動車	大型特殊自動車	大型自動二輪車	普通自動二輪車	小型特殊自動車	原動機付自転車
大型免許	●	●	●	●				●	●
中型免許		●	●	●				●	●
準中型免許			●	●				●	●
普通免許				●				●	●
大型特殊免許					●			●	●
大型二輪免許						●	●	●	●
普通二輪免許							●	●	●
小型特殊免許								●	
原付免許									●
けん引免許	大型・中型・準中型・普通・大型特殊自動車で他の車をけん引するときに必要な免許（総重量 750kg 以下の車をけん引するとき、故障車をロープなどでけん引するときを除く）								

みんなどこで間違える?

✱普通免許では、普通自動車のほかに原動機付自転車と小型特殊自動車が運転できる。

4 乗車・積載の制限

▶原動機付自転車の乗車定員 □□

原動機付自転車には運転者1名だけしか乗れない

たとえ乗車用ヘルメットをかぶっても、二人乗りをしてはいけない

▶長さと重量の制限 □□

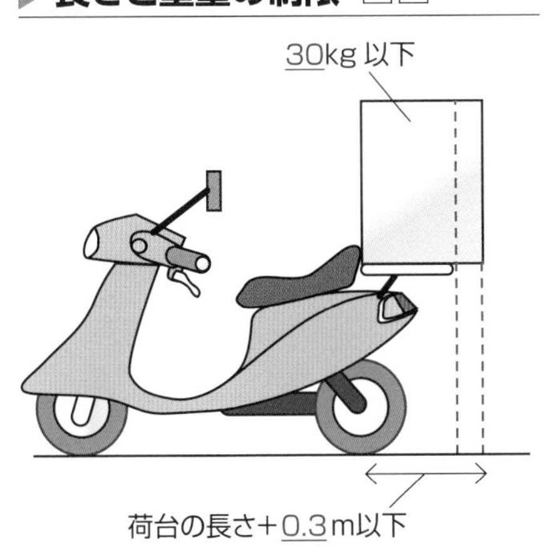

▶高さと幅の制限 □□

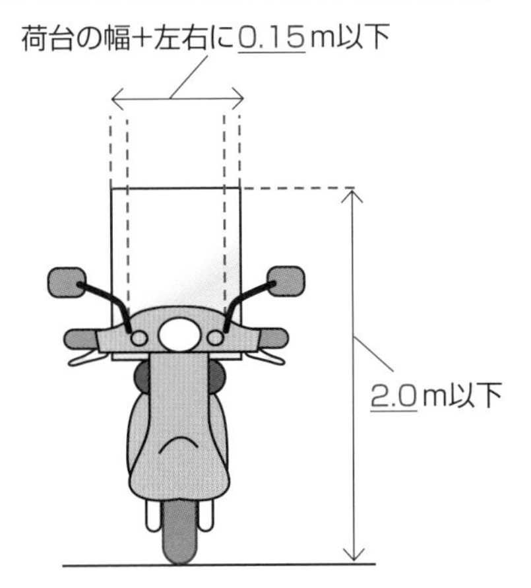

みんなどこで間違える?

- 原動機付自転車で二人乗りはしてはいけない。
- 荷物を積むときの重さは、30キログラム以下。

3 運転免許の種類

▼ココで覚えよう

問1 □□□
運転免許を取得するということは、単に車を運転できるということだけでなく、刑事上、行政上、民事上の責任など、社会的責任があることを自覚しなければならない。

▼ひっかけ問題

問2 □□□
免許の区分は、第一種免許、第二種免許、原付免許の3つに分けられる。

問3 □□□
原付免許を取得すると、原動機付自転車は運転できるが、小型特殊自動車は運転できない。

問4 □□□
第一種運転免許は、自動車や原動機付自転車を運転しようとする場合に必要な免許である。

▼ココで覚えよう

問5 □□□
原付免許では、エンジンの排気量が90cc以下の二輪車を運転できる。

4 乗車・積載の制限

問1 □□□
原動機付自転車に荷物を積む場合は、積載装置から後方に0.3メートルまではみ出してもよい。

▼ひっかけ問題

問2 □□□
原動機付自転車に積載できる荷物の高さは、荷台から2メートルまでである。

問3 □□□
原動機付自転車の積み荷の幅は、荷台の左右にそれぞれ0.15メートルまではみ出してよい。

▼ココで覚えよう

問4 □□□
原動機付自転車は、運転に支障がなければ、幼児を背負って運転しても違反にはならない。

問5 □□□
原動機付自転車は、ヘルメットをかぶれば二人乗りをすることができる。

解答	解説
	文章 運転免許を取得すると、刑事上、行政上、民事上の責任など、社会的な責任を負うことになります。
	運転免許は、第一種免許、第二種免許、仮免許の3つに区分されます。
	原付免許では、原動機付自転車しか運転できません。
	第一種運転免許は、自動車や原動機付自転車を運転するときに必要な免許です。
	数字 原付免許で運転できるのは、エンジンの排気量が50cc以下の二輪車（スリーターを含む）です。

一緒に覚えよう

電動キックボードは免許がいらない?

車体の大きさや構造等が一定の基準に該当する原動機付自転車は特定小型原動機付自転車（電動キックボード）といい、原付免許は必要ありません。16歳以上であれば運転できます。

※特定小型原動機付自転車（電動キックボード）は車両と見なされ、原則として車道を通行します。

解答	解説
	数字 積載装置から後方に0.3メートルまで、はみ出して荷物を積むことができます。
	数字 荷台からではなく、地上から2メートルまでです。
	数字 積み荷は、荷台の左右にそれぞれ0.15メートルまではみ出せます。
	原動機付自転車の乗車定員は1人なので、設問の運転は違反になります。
	たとえヘルメットをかぶっても、二人乗りはできません。

一緒に覚えよう

荷物を積むときの注意点

①車の安定が悪くなっていないか
②方向指示器や尾灯などが見えるか
③ロープが緩んでいないか

重要度 ★★★

5 信号機の信号の意味

▶青色の灯火信号 □□

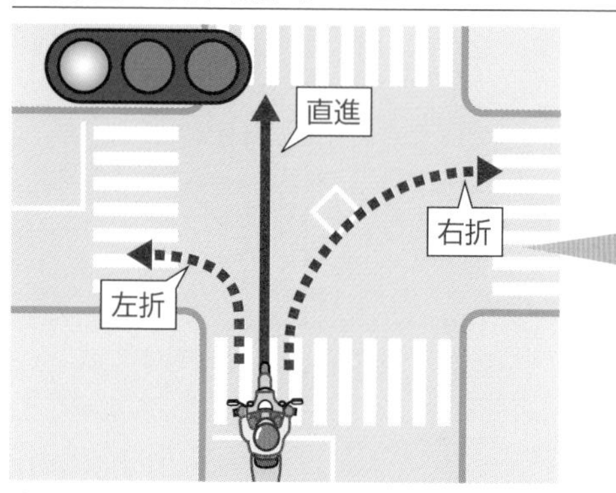

車は、直進、左折、右折することができる。ただし、二段階の方法で右折する原動機付自転車と軽車両は右折できない

❗例外

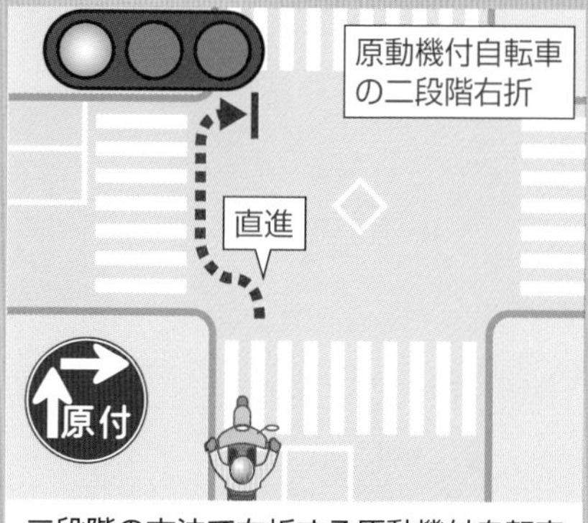

二段階の方法で右折する原動機付自転車は、自動車と同じ方法で右折できない

▶黄色の灯火信号 □□

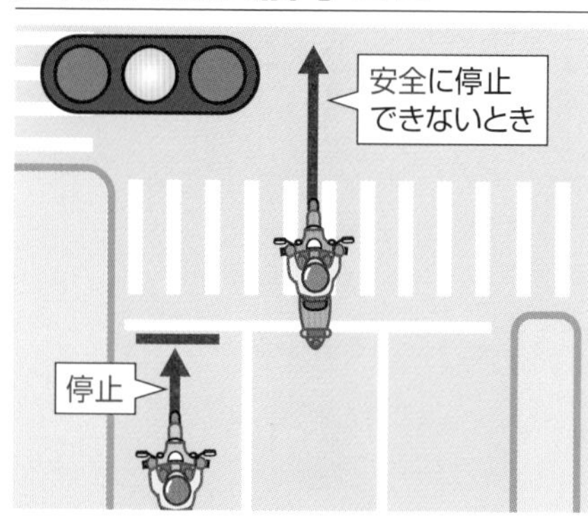

車は、停止位置から先に進めない

❗例外 停止位置で安全に停止できないようなときは、そのまま進める

▶赤色の灯火信号 □□

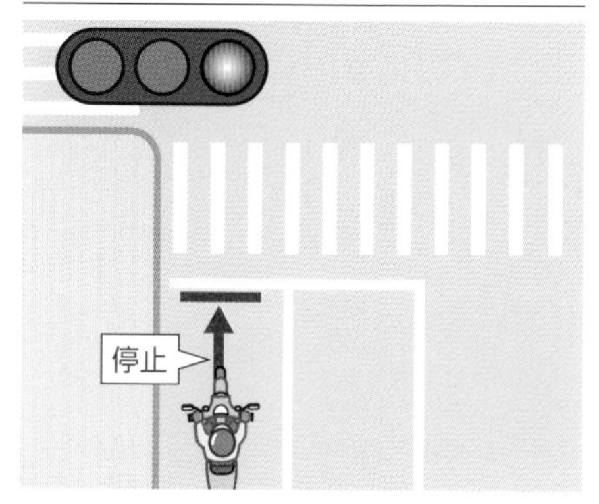

車は、停止位置から先に進めない

みんなどこで間違える?

- 青色灯火の意味は、「進むことができる」。進めない例外もある。
- 黄色灯火のときは、安全に止まれないときだけ進むことができる。
- 点滅信号は、黄色は安全確認後に進める、赤色は一時停止して、安全確認してから進める。

▶青色の矢印信号 □□

右折
転回

車は、矢印の方向に進める（右向きの矢印の場合は、転回もできる）

❶例外

原動機付自転車の二段階右折

右折できない

右向きの矢印の場合、軽車両、二段階右折する原動機付自転車は進めない

▶黄色の矢印信号 □□

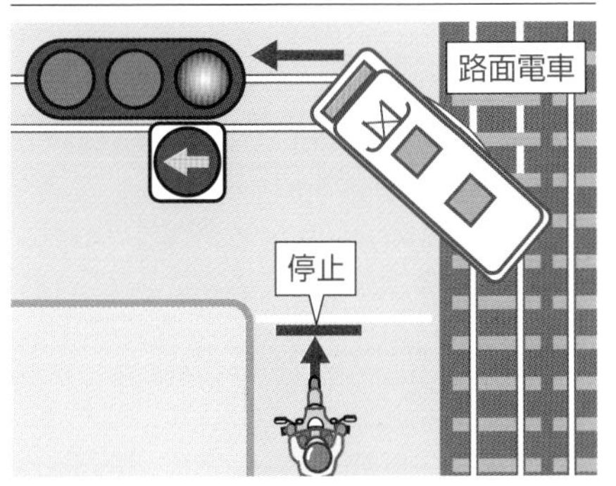

路面電車は、矢印の方向に進めるが、車は進めない

▶黄色の点滅信号 □□

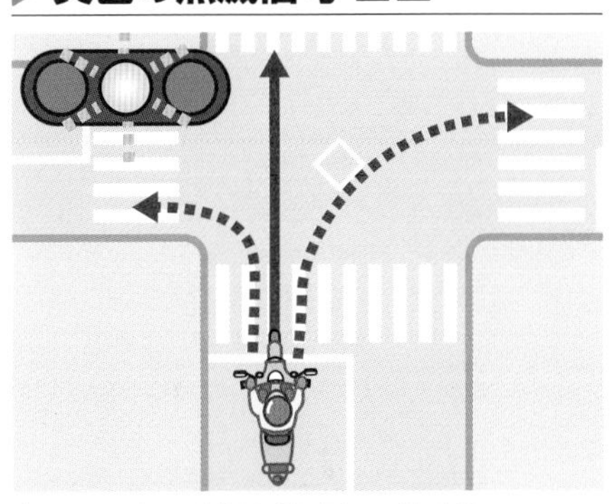

車は、ほかの交通に注意して進める

❶注意 必ずしも徐行しなくてもよい

▶赤色の点滅信号 □□

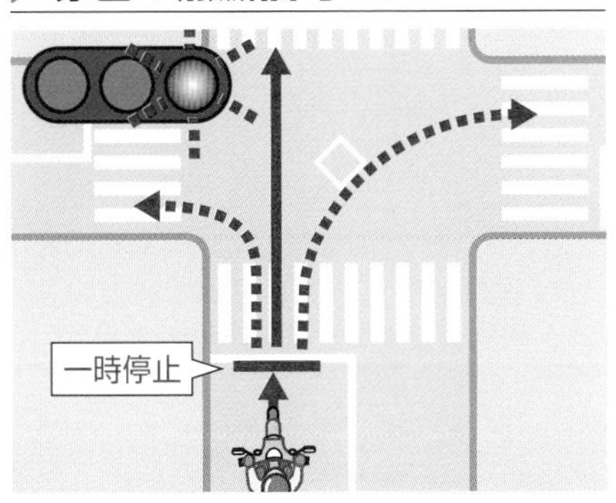

車は、停止位置で一時停止して、安全を確認したあとに進める

▶「左折可」の標示板がある □□

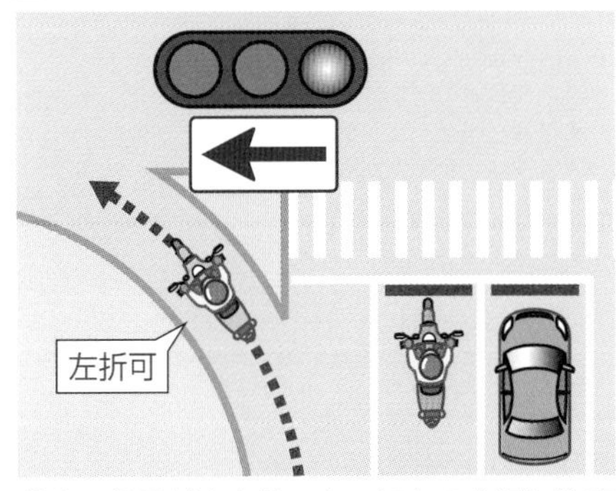

前方の信号が赤や黄でも、ほかの交通に注意して左折できる

重要度 ★★☆

6 警察官の信号の意味

▶腕を水平に上げているとき □□

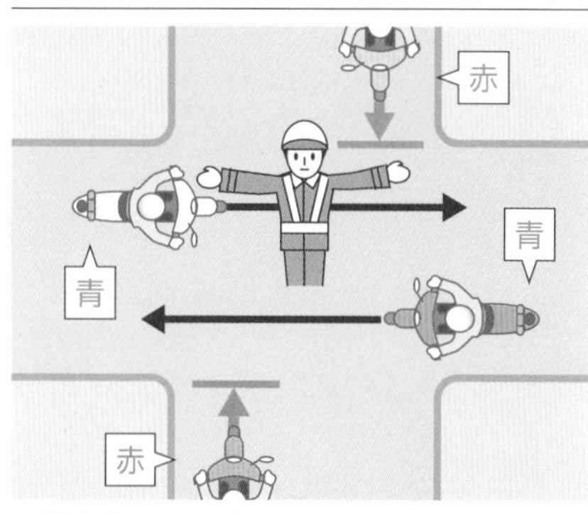

- 警察官などの身体の正面に対面（背面）する交通は、赤色の灯火信号と同じ意味
- 身体の正面に平行する交通は、青色の灯火信号と同じ意味

▶腕を頭上に上げているとき □□

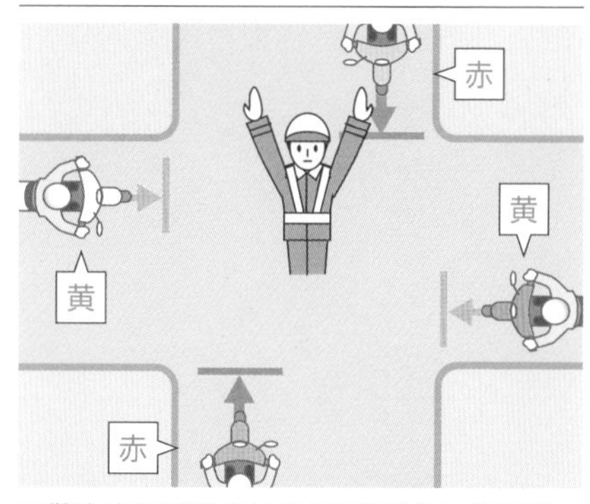

- 警察官などの身体の正面に対面（背面）する交通は、赤色の灯火信号と同じ意味
- 身体の正面に平行する交通は、黄色の灯火信号と同じ意味

▶灯火を横に振っているとき □□

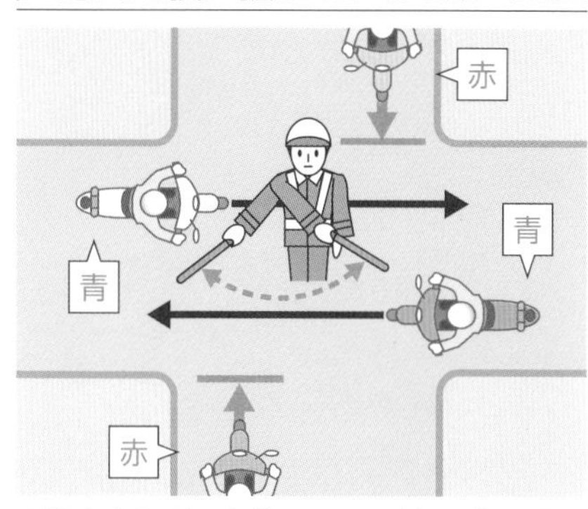

- 警察官などの身体の正面に対面（背面）する交通は、赤色の灯火信号と同じ意味
- 身体の正面に平行する交通は、青色の灯火信号と同じ意味

▶灯火を頭上に上げているとき □□

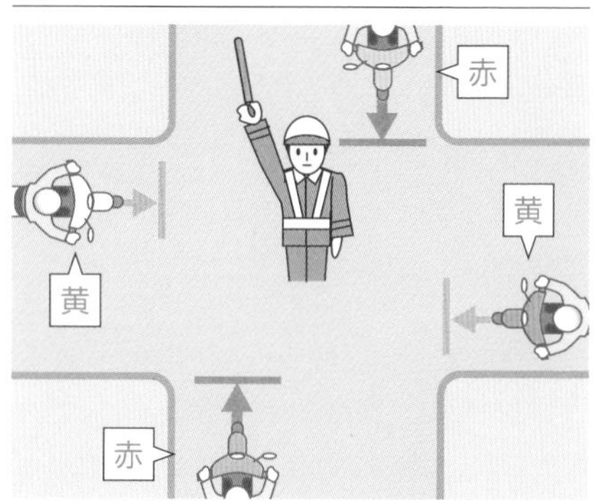

- 警察官などの身体の正面に対面（背面）する交通は、赤色の灯火信号と同じ意味
- 身体の正面に平行する交通は、黄色の灯火信号と同じ意味

みんなどこで間違える?

✸信号機と警察官などの手信号が異なるときは、手信号に従う。

5 信号機の信号の意味

	問題	解答	解説
問1 □□□	交差点において、進行方向の信号が赤色の灯火の点滅をしているときは、必ず一時停止をし、交差点の安全を確認してから進行する。	○	一時停止して、安全を確認してから進行することができます。
問2 □□□	▼ココで覚えよう 信号が赤から青に変わっても、渡りきれない歩行者や信号を無視して進入してくる車もあるので、十分に安全を確かめてから発進しなければならない。	○	信号の変わり目は危険なので、十分に安全を確かめてから発進しなければなりません。
問3 □□□	交差点の手前で対面する信号が黄色の灯火に変わったときは、車は、原則として停止位置から先に進んではならない。	○	信号が黄色の灯火に変わったときは、車は、安全に停止できない場合を除き、停止位置から先に進んではいけません。
問4 □□□	図の点滅信号のある交差点では、車はほかの交通に注意しながら進行してもよい。 黄	○	車は、ほかの交通に注意しながら進行することができます。

6 警察官の信号の意味

	問題	解答	解説
問1 □□□	▼ココで覚えよう 警察官が手信号による交通整理を行っている場合は、これに従わなければならないが、交通巡視員は警察官ではないので、その手信号に従わなくてもよい。	×	警察官と同様に、交通巡視員の手信号にも従わなければなりません。
問2 □□□	警察官が信号機の信号と異なった手信号をしたので、警察官の手信号に従った。	○	警察官の手信号に従わなければなりません。
問3 □□□	警察官が灯火を横に振っている信号で、灯火が振られている方向に進行する交通は、黄色の灯火信号と同じ意味である。	×	灯火が振られている方向に進行する交通は、青色の灯火信号と同じ意味です。
問4 □□□	交差点で警察官が図のような手信号をしているときは、身体に対面する方向の交通は、青色の灯火と同じである。	×	警察官の身体に対面する方向の交通については、赤色の灯火信号と同じ意味です。

重要度 ★★★

7 標識の種類

▶４種類の本標識と補助標識 □□

規制標識

特定の交通方法を禁止したり、特定の方法に従って通行するよう指定したりするもの

駐停車禁止
車は駐車や停車をしてはいけない

二輪の自動車以外の自動車通行止め
二輪の自動車は通行できるが、そのほかの自動車は通行できない

指示標識

特定の交通方法ができることや、道路交通上決められた場所などを指示するもの

安全地帯
安全地帯であることを表す

軌道敷内通行可
自動車は軌道敷内を通行できる

警戒標識

道路上の危険や注意すべき状況を前もって知らせて、注意をうながすもの

車線数減少
道路の車線が少なくなることを表す

道路工事中
道路が工事中であることを表す

案内標識

地点の名称、方面、距離などを示して、通行の便宜をはかろうとするもの

名神高速
MEISHIN EXPWY
入口
150m

入口の予告
緑色は高速道路に関するものを意味する

方面と方向の予告
道路の方面と方向を表す

補助標識

本標識の意味を補足するもの

車の種類

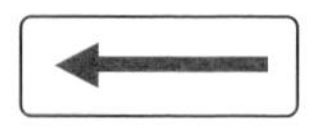

終わり

みんなどこで間違える?

- 標識は、交通規制などを示す「本標識」と、その意味を補足する「補助標識」がある。
- 本標識は、「規制」「指示」「警戒」「案内」の４種類。

重要度 ★★★

8 標示の種類

▶規制標示と指示標示 □□

規制標示

特定の交通方法を禁止または指定するもの

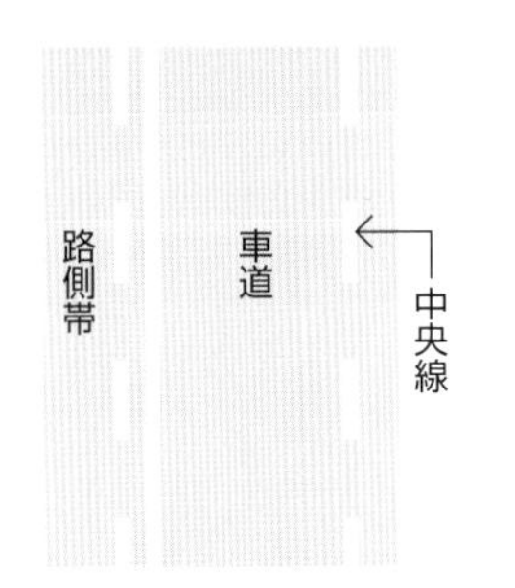

駐停車禁止路側帯
車はこの中に入って駐停車してはいけない

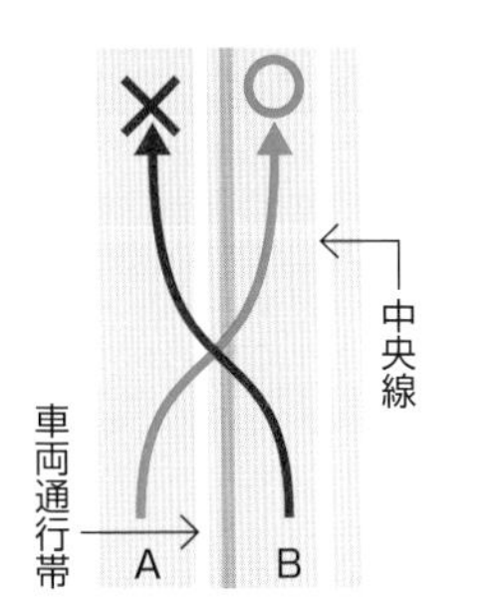

進路変更禁止
AからBへは進路変更できるが、BからAへはできない

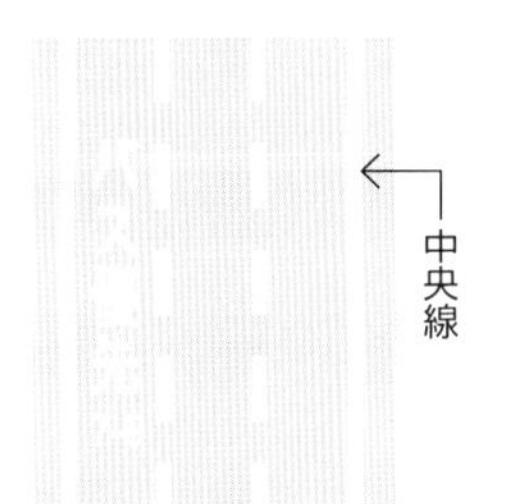

優先通行帯
7時から9時までバス優先通行帯になることを表す

終わり
最高速度50キロメートル規制の終わりを表す

指示標示

特定の交通方法ができることや、道路交通上決められた場所などを指示するもの

右側通行
道路の右側部分にはみ出せることを表す

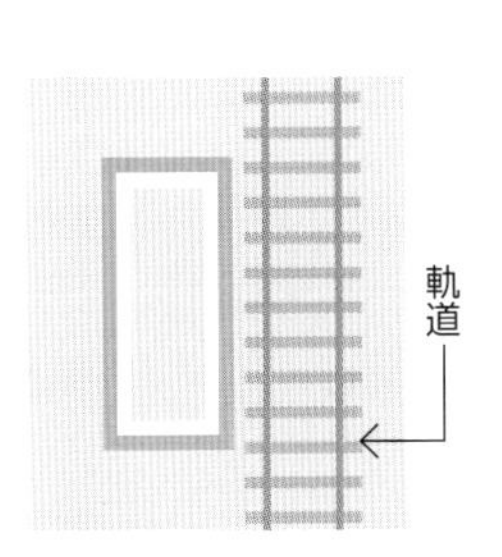

安全地帯
車が入ってはいけない安全地帯を表す

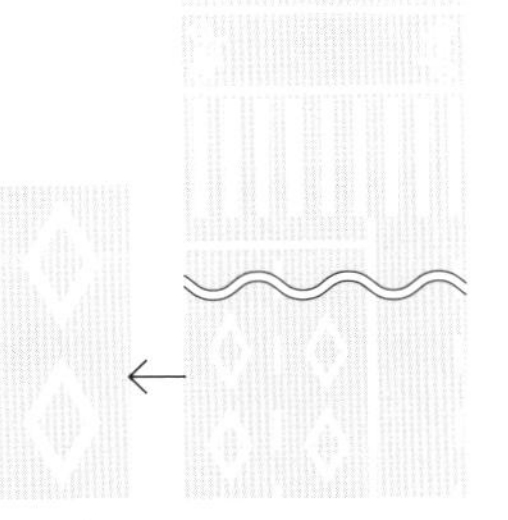

横断歩道または自転車横断帯あり
横断歩道や自転車横断帯があることを表す

前方優先道路
前方の交差する道路が優先道路であることを表す

みんなどこで間違える?
標示は、「規制標示」と「指示標示」の2種類がある。

7 標識の種類

問1
□□□
規制標識とは、特定の交通方法を禁止したり、特定の方法に従って通行するよう指定したりするものである。

▼ひっかけ問題
問2
□□□
本標識には、規制標識、補助標識、警戒標識、案内標識の4種類がある。

問3
□□□
図の標識のある道路は、自動車や原動機付自転車は通行できないが、自転車などの軽車両は通行することができる。

▼ひっかけ問題
問4
□□□
図の標識は、「追越し禁止」を表している。

問5
□□□
図の標識は、道路外の施設に出入りするため左折を伴う場合を除き、車の横断が禁止されている。

8 標示の種類

問1
□□□
標示とは、ペイントや道路びょうなどによって路面に示された線、記号や文字のことをいい、規制標示と警戒標示の2種類がある。

▼ココで覚えよう
問2
□□□
標識や標示は、交通の安全と円滑のために、車を「どのように運転すべきか」または「どのように運転してはいけないか」などを運転者に示している。

問3
□□□
図の標示は、転回禁止の区間が始まることを表している。

問4
□□□
図の標示は、車の通行は認められているが、この中で停止するおそれがあるときは、この中に入ってはいけない。

▼ひっかけ問題
問5
□□□
図の標示のある場所では、駐車はできないが停車はできる。

解答	解説

規制標識は、特定の交通方法を禁止したり、特定の方法に従って通行するよう指定したりするものです。

本標識には規制標識、指示標識、警戒標識、案内標識の４種類があります。

標識

「車両通行止め」のある道路は、自転車などの軽車両も通行できません。

標識

「追越しのための右側部分はみ出し通行禁止」を表します。車は、道路の右側部分にはみ出さなければ、追い越しをすることができます。

標識

「車両横断禁止」の標識です。左折を伴う場合を除き、車は横断してはいけません。

一緒に覚えよう

標識の分類

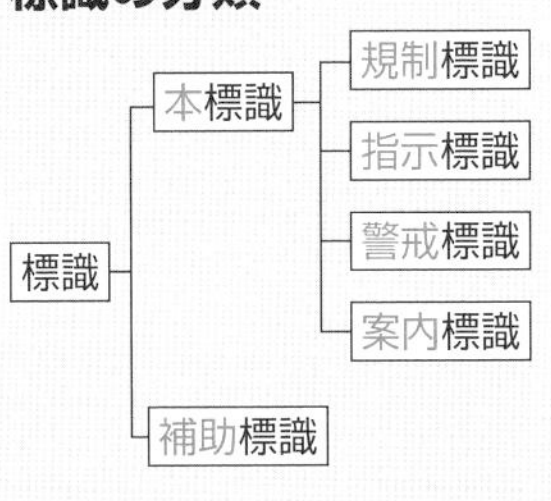

解答	解説

標示には、規制標示と指示標示の２種類があります。

文章

標識や標示には、車を「どのように運転すべきか」または「どのように運転してはいけないか」などの意味があります。

標示

始まりではなく、転回禁止区間が終わることを表しています。

標示

「停止禁止部分」を表します。前方の状況により、図の標示の中で停止するおそれがあるときは、この中に入ってはいけません。

標示

「駐停車禁止」を表し、駐車も停車もできません。

一緒に覚えよう

標示の分類

標示
- 規制標示
  特定の交通方法を禁止、または指定するもの
- 指示標示
  特定の交通方法ができることや、道路交通上決められた場所などを指示するもの

重要度 ★★☆

9 車の通行するところ

▶左側通行の原則 □□

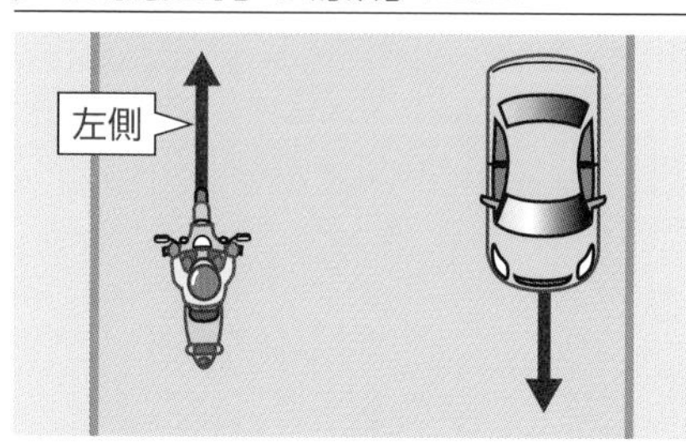

原動機付自転車は、道路の左側を通行する

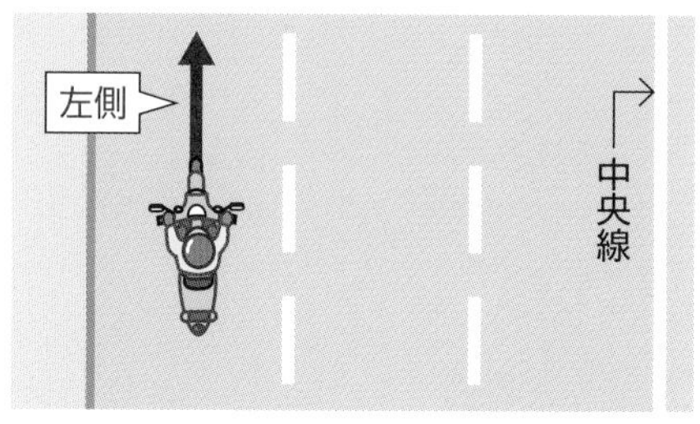

車両通行帯がある道路では、原動機付自転車は原則として、もっとも左側の通行帯を通行する

❗例外 道路の右側部分にはみ出して通行できるとき

一方通行の道路

工事などで、左側部分だけで通行するのに十分な幅がないとき

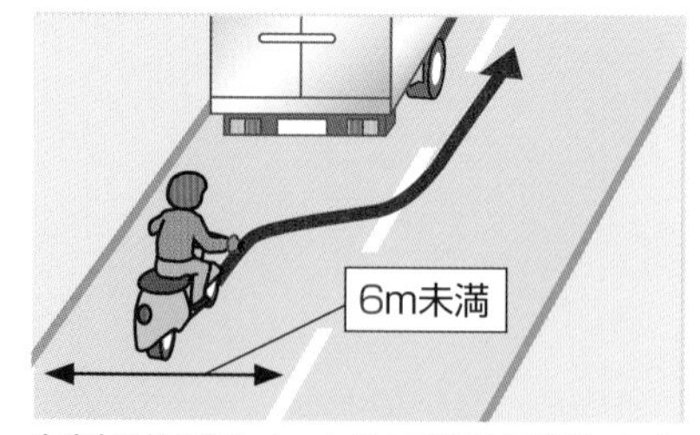

左側の幅が6メートル未満の見通しのよい道路で、ほかの車を追い越そうとするとき（禁止されている場合を除く）

「右側通行」の標示のある場所のとき

※「一方通行の道路」以外は、はみ出し方をできるだけ少なくする

みんなどこで間違える?

車は、歩道や路側帯と車道が区別のある道路では、車道を通行しなくてはならない。

重要度 ★★☆

10 車が通行してはいけないところ

▶標識・標示で通行が禁止されている場所 □□

通行止め

車両通行止め

安全地帯　立入り禁止部分

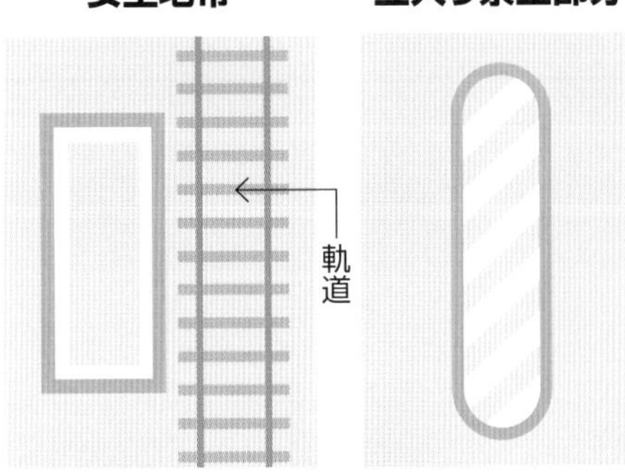

▶歩道や路側帯では □□

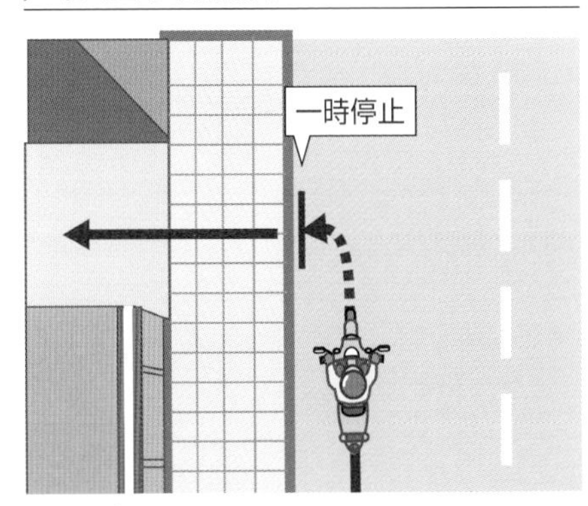

車は通行できない

例外 横切るときは通行できる。その場合は、その直前で一時停止して歩行者の通行を妨げないようにしなければならない

▶歩行者用道路では □□

車は通行できない

例外 沿道に車庫があるなどを理由に、特に通行を認められた車は通行できる。その場合は、歩行者に注意して徐行しなければならない

みんなどこで間違える?

- 自動車や原動機付自転車は、路側帯（ろそくたい）を通行してはいけない。
- 道路外にでるために路側帯を横切るときは、一時停止をしなければならない。

9 車の通行するところ

問1 □□□
車は、原則として道路の中央（中央線があるときは、その中央線）から左側の部分を通行しなければならない。

問2 □□□
一方通行の道路では、車は道路の中央から右の部分にはみ出して通行することができる。

▼ココで覚えよう

問3 □□□
左側部分の幅が6メートル以上の広い道路で、追い越し禁止の標識がない場合は、右側部分にはみ出して追い越してよい。

問4 □□□
車は、道路状態やほかの交通に関係なく、道路の中央から右の部分にはみ出して通行してはならない。

問5 □□□
下り坂のカーブに、図のような矢印の標示があるときは、対向車に注意しながら、矢印に沿って通行することができる。

10 車が通行してはいけないところ

問1 □□□
道路に面した場所に出入りするために歩道や路側帯を横切る場合には、運転者はその直前で一時停止するとともに、歩行者の通行を妨げないようにしなければならない。

問2 □□□
原動機付自転車を運転中、交通量が多かったので、速度を落として路側帯を通行した。

問3 □□□
図の標識は、自動車はもちろん、原動機付自転車や軽車両も通行できない。

問4 □□□
図の標示は、通行することはできるが、この中で停止してはならないことを示している。

問5 □□□
図の標識は、この先は歩行者が多いので、車両は注意して通行しなければならないことを示している。

解答	解説

原則として、道路の中央から左側の部分を通行します。

例外 一方通行の道路は対向車がこないので、右側部分にはみ出して通行することができます。

数字 広い道路（6メートル以上）では、はみ出して追い越しをしてはいけません。

例外 工事など左側部分を通行できないときなどは、はみ出して通行できます。

標示 「右側通行」の標示で、右側にはみ出して通行することができます。

一緒に覚えよう

車道通行の原則と例外

原則 …車は歩道や路側帯と車道の区別のある道路では、車道を通行する。

例外 …道路に面した場所に出入りするため横切るときは、歩道や路側帯も通行できる。

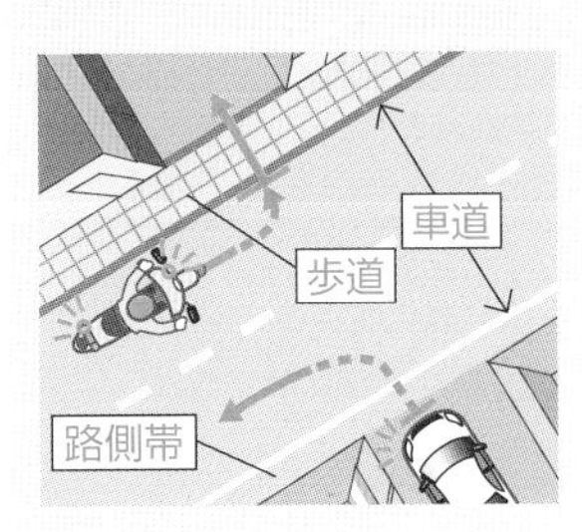

解答	解説

一時停止して、歩行者の通行を妨げないようにします。

たとえ原動機付自転車でも、路側帯を通行してはいけません。

標識 「車両通行止め」の標識です。自動車、原動機付自転車、軽車両は通行できません。

標示 「立入り禁止部分」を表し、この中に入ってはいけません。

標識 「歩行者等専用」を表し、車は原則として通行できません。

一緒に覚えよう

交通状況による進入禁止

前方の交通が混雑している次のような場所は、車は進入してはいけない。

①交差点
②「停止禁止部分」の標示があるところ
③踏切
④横断歩道や自転車横断帯

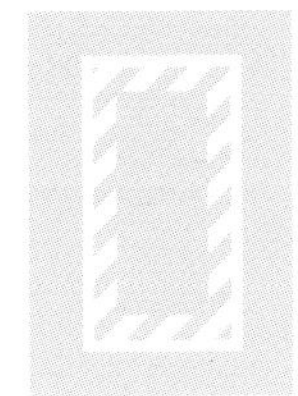
「停止禁止部分」

重要度 ★★☆

11 歩行者などのそばを通るとき

▶歩行者などのそばを通るとき □□

安全な間隔をあける

安全な間隔があけられないときは、徐行しなければならない

▶安全地帯の側方を通行するとき □□

歩行者がいるときは、徐行しなければならない

歩行者がいないときは、そのまま通行できる

みんなどこで間違える?

- 歩行者のそばを通るときは、安全な間隔をあけるか、徐行する。
- 歩行者がいる安全地帯のそばを通るときは徐行する。いないときは、徐行する必要はない。

重要度 ★☆☆

12 子ども、高齢者の保護

保護しなければならない人 □□

下記の人が通行しているときは、一時停止か徐行をして、安全に通行できるようにしなければならない

- **ひとり歩きの子ども**
- **身体障害者用の車いすで通行している人**
- **白や黄色のつえをついて歩いている人**
- **盲導犬を連れて通行している人**
- **通行に支障のある高齢者、身体障害者、妊産婦など**

「初心者マーク」などをつけた車を保護する □□

以下のマークをつけた車には、側方への幅寄せ、前方への割り込みをしてはいけない
※初心者マークをつけた準中型自動車は除く

初心者マーク

免許を取得して1年未満の初心運転者が、自動車を運転するときにつけるマーク

高齢者マーク

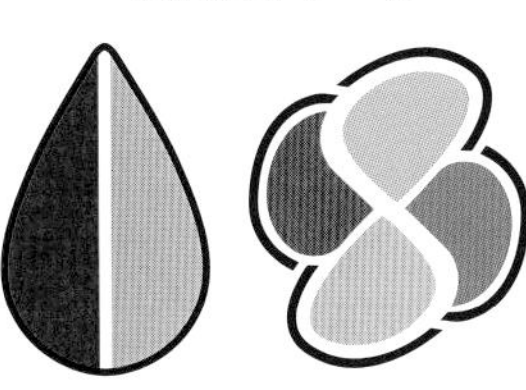

70歳以上の高齢者が、自動車を運転するときにつけるマーク

身体障害者マーク

身体に障害がある人が、自動車を運転するときにつけるマーク

仮免許練習標識

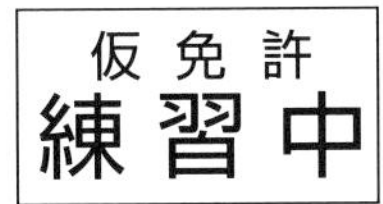

運転の練習をする人が、自動車を運転するときにつける標識

聴覚障害者マーク

聴覚に障害がある人が、自動車を運転するときにつけるマーク

みんなどこで間違える?

- ひとり歩きの子どもや身体の不自由な人が歩いているときは、一時停止か徐行をする。
- 停止中の通学・通園バスのそばを通るときは、徐行して安全を確認する。

11 歩行者などのそばを通るとき

問1 □□□

図の標識は、安全地帯であることを表している。

問2 □□□

歩行者がいる安全地帯のそばを通るときは徐行しなければならないが、歩行者がいない場合は徐行しなくてもよい。

▼ひっかけ問題

問3 □□□

歩行者のそばを通るときは、歩行者との間に安全な間隔をあければ徐行しなくてもよい。

問4 □□□

自転車のそばを通るときは、自転車との間に安全な間隔をあけるか、徐行しなければならない。

問5 □□□

安全地帯のそばを通るときは、必ず徐行しなければならない。

12 子ども、高齢者の保護

問1 □□□

このマークは、60歳以上の運転者が、普通自動車を運転するときに表示するマークである。

問2 □□□

白か黄色のつえを持った人が歩いているときは、一時停止か徐行して、安全に通行できるようにする。

問3 □□□

初心者マークをつけている初心運転者、身体障害者マークをつけている身体障害者が自動車を運転しているときは、追い越しや追い抜きが禁止されている。

問4 □□□

高齢者や子どもなどの歩行者は、予期しない行動をする場合があるので、その動きに十分注意して運転しなければならない。

問5 □□□

図のマークをつけている車は、聴覚に障害がある人が運転しているので、周囲の車は十分注意して運転する。

解答	解説
	**標識** 「安全地帯」を表します。歩行者のための敷地なので、車は入ってはいけません。
	**例外** 安全地帯に歩行者がいない場合は、徐行する必要はありません。
	**例外** 歩行者との間に安全な間隔をあければ、徐行しなくてもかまいません。
	自転車との間に安全な間隔をあけるか、徐行しなければなりません。
	安全地帯に歩行者がいない場合は、徐行する必要はありません。

一緒に覚えよう

泥はねなどの防止

運転者は、ぬかるみや水溜りのあるところでは、泥や水をはねて他人に迷惑をかけないように注意して通行する。

解答	解説
	**数字** 「高齢者マーク」です。70歳以上の運転者が、普通自動車を運転するときに表示するマークです。
	一時停止か徐行して、安全に通行できるようにしなければなりません。
	追い越しや追い抜きは、特に禁止されていません。
	高齢者や子どもなどの動向には十分注意して運転しなければなりません。
	「聴覚障害者標識」を表し、十分注意して運転します。

一緒に覚えよう

こんなロボットに要注意

このようなマークをつけたロボットが道路を通行することがあります。突然停止する場合があるので、近くを通るときは注意しましょう。

遠隔操作型小型車標識
道路で遠隔操作型小型車（自動配送ロボット）を通行させる人がつけるマーク

移動用小型車標識
道路で移動用小型車（移動用ロボット）を通行させる人がつけるマーク

※これらのロボットは歩行者と見なされ、原則として歩道を通行します。

重要度 ★★★

13 横断歩道などのそばを通過するとき

▶横断歩道を通行するとき □□

横断しようとする人が明らかにいない場合は、そのまま通行できる

横断しようとする人がいるかいないか明らかでない場合は、その手前で停止できるような速度に落として進む

横断する人、しようとする人がいる場合は、その手前で一時停止しなければならない

▶停留所で停止中の路面電車に追いついたとき □□

原則 乗り降りする人がいなくなるまで、後方で停止して待つ

例外 徐行して進めるとき

安全地帯があるとき

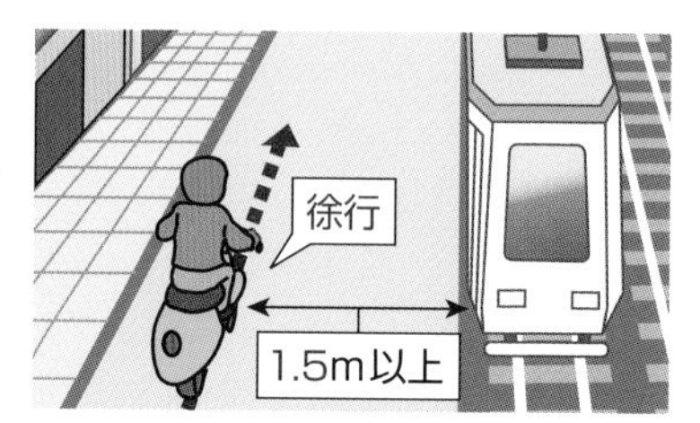

安全地帯がない停留所で乗降客がなく、路面電車と1.5メートル以上の間隔がとれるとき

みんなどこで間違える？

横断歩道の手前に停止車両があるときは、一時停止して安全を確認する。

重要度 ★★☆

14 合図の時期と方法

▶合図を行う時期と方法 □□

合図を行う場合	合図を行う時期	合図の方法
左折するとき（環状交差点内を除く）	左折しようとする30m手前の地点	 曲げる／伸ばす 左側の方向指示器を操作するか、右腕を車の外に出してひじを垂直に上に曲げるか、左腕を水平に伸ばす
左に進路変更するとき	進路を変えようとする約3秒前	
環状交差点を出るとき（環状交差点に入るときは合図を行わない）	出ようとする地点の直前の出口の側方を通過したとき（環状交差点の直後の出口を出る場合は、その環状交差点に入ったとき）	
右折、転回するとき（環状交差点内を除く）	右折、転回しようとする30m手前の地点	 伸ばす／曲げる 右側の方向指示器を操作するか、右腕を車の外に出して水平に伸ばすか、左腕のひじを垂直に上に曲げる
右に進路変更するとき	進路を変えようとする約3秒前	
徐行、停止するとき	徐行または停止しようとするとき	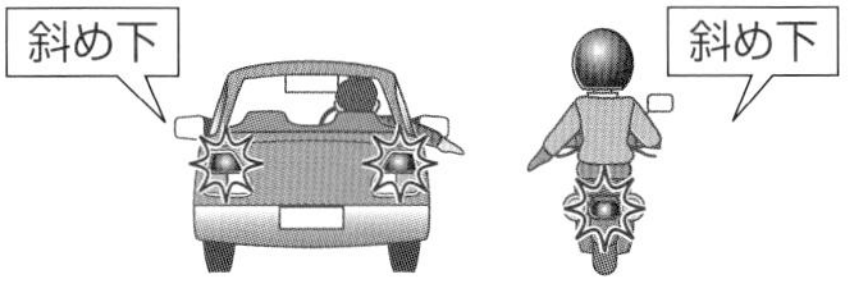 斜め下／斜め下 制動灯をつけるか、腕を車の外に出して斜め下に伸ばす
後退するとき	後退しようとするとき	 前後 後退灯をつけるか、腕を車の外に出して斜め下に伸ばし、手のひらを後ろに向けて腕を前後に動かす

みんなどこで間違える？

✱進路変更をするときは、進路を変えようとする約３秒前の地点で合図を行う。

13 横断歩道などのそばを通過するとき

問1 □□□
横断歩道や自転車横断帯に近づいてきたとき、横断する人や自転車がいないことがはっきりしないときは、その手前で停止できるように速度を落として進まなければならない。

問2 □□□

図の標示は、前方に横断歩道または自転車横断帯があることを表している。

問3 □□□
横断歩道に近づいたところ、横断歩道の直前に停止している車があったが、横断しようとする人がいなかったので徐行して進行した。

▼ココで覚えよう

問4 □□□
横断歩道は、横断する人がいないことが明らかな場合であっても、横断歩道の直前でいつでも停止できるように減速して進むべきである。

問5 □□□
図の標示は、路面電車の停留所であることを表している。

14 合図の時期と方法

▼ココで覚えよう

問1 □□□
進路変更、転回、後退などをしようとするときは、あらかじめバックミラーなどで安全を確かめてから合図をしなければならない。

問2 □□□
進路変更の合図の時期は、その行為をしようとするときの約3秒前である。

▼ひっかけ問題

問3 □□□
右折や左折の合図は、右折や左折をしようとする約3秒前に行う。

問4 □□□
図の手による合図は、転回するときの合図である。

問5 □□□
図の手による合図は、左折か左に進路変更するときの合図である。

解答	解説
	設問のような場合は、手前で停止できるように速度を落として進行します。
 	図は、「横断歩道または自転車横断帯あり」の標示です。
	徐行ではなく、横断歩道の直前で必ず一時停止しなければなりません。
	明らかに人がいないときは、減速する必要はありません。
 	「路面電車停留所」の標示です。路面電車の停留所であることを表しています。

一緒に覚えよう

横断歩道のないところでは……

横断している歩行者の通行を妨げてはいけない。

解答	解説
	あらかじめバックミラーなどで安全を確かめてから合図します。
 	進路変更の合図は、その行為をしようとする約３秒前に行います。
 	３秒前ではなく、右折や左折しようとする30メートル手前で行います。
	図の手による合図は、後退するときの合図です。
	図の手による合図は、左折か左に進路変更するときの合図です。

一緒に覚えよう

安全確認と合図の方法

①あらかじめバックミラーなどで安全を確かめる
②合図を出す
③もう一度安全を確かめる
④行動する（進路変更、転回、後退など）

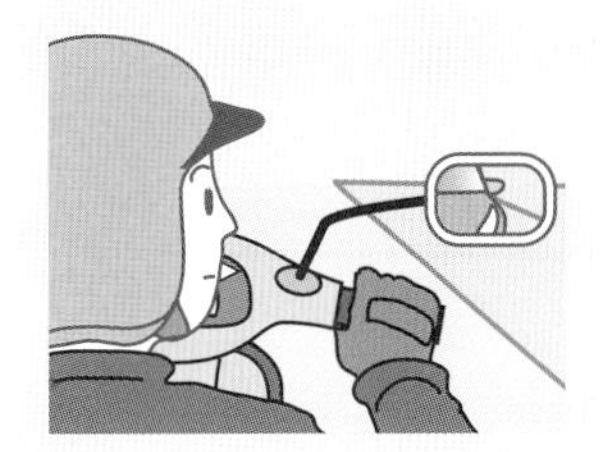

重要度 ★★☆

15 緊急自動車の優先

▶交差点やその付近で緊急自動車が近づいてきたとき □□

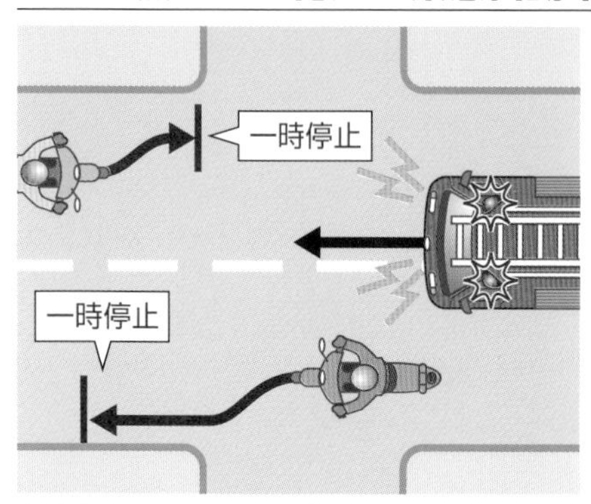

交差点を避け、道路の左側に寄って一時停止する

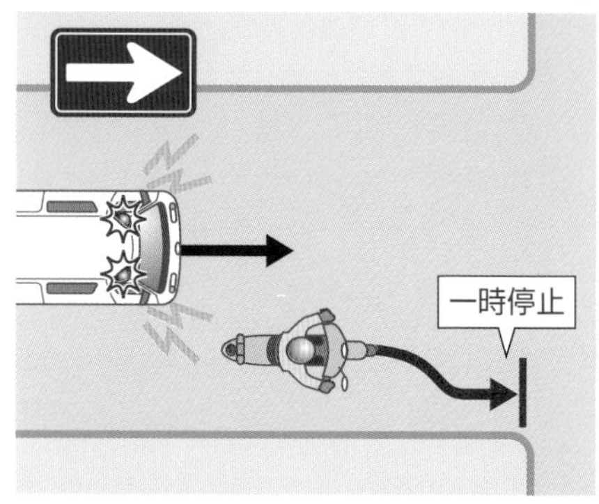

一方通行の道路で、左側に寄ると緊急自動車の妨げになる場合は、交差点を避け、右側に寄って一時停止する

▶交差点やその付近以外で緊急自動車が近づいてきたとき □□

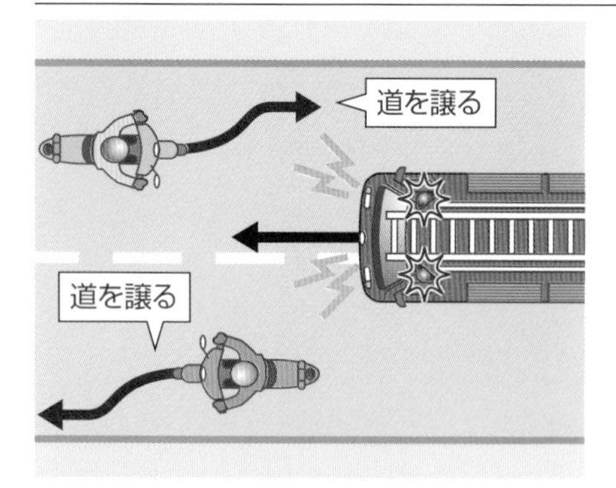

道路の左側に寄って進路を譲る

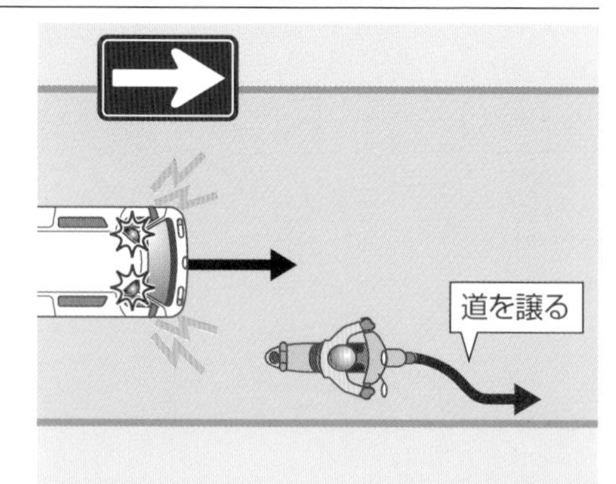

一方通行の道路で、左側に寄ると緊急自動車の妨げになる場合は、右側に寄って進路を譲る

みんなどこで間違える?

交差点付近以外のところで緊急自動車が接近してきたときは、道路の左側に寄って進路を譲る。必ずしも徐行や一時停止をする必要はない。

重要度 ★★☆

16 路線バスなどの優先

▶バス専用通行帯では □□

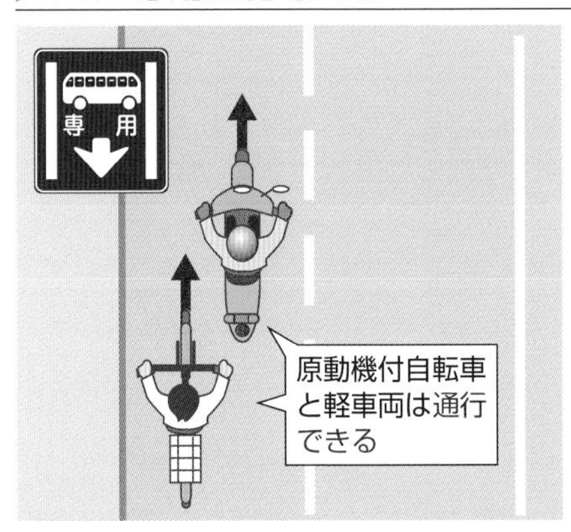

原動機付自転車と軽車両と小型特殊自動車は、バス専用通行帯を通行できる

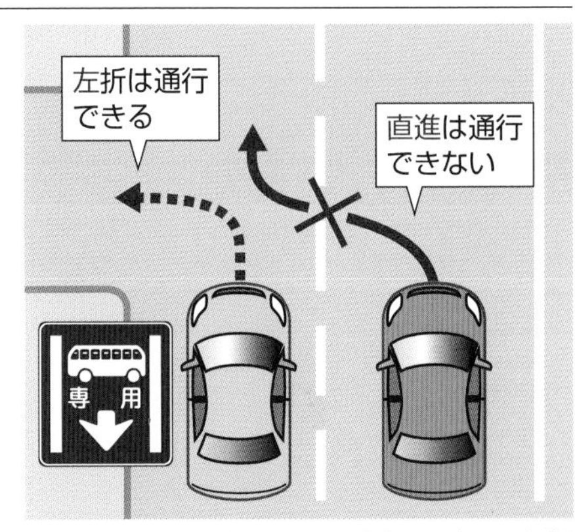

小型特殊以外の自動車は、左折などやむを得ない場合を除き、通行できない

▶路線バス等優先通行帯では □□

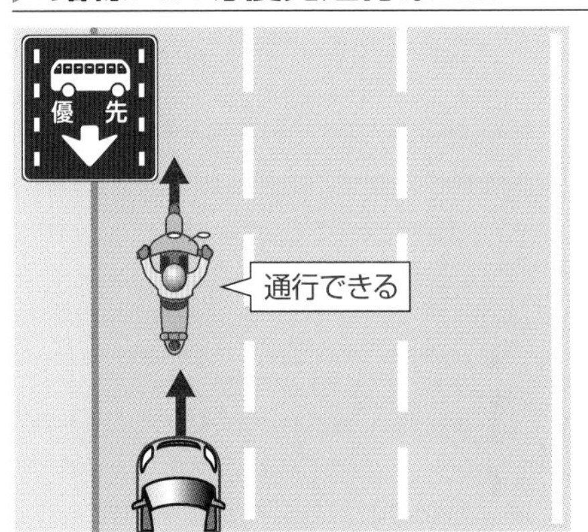

車は、路線バス等優先通行帯を通行できる

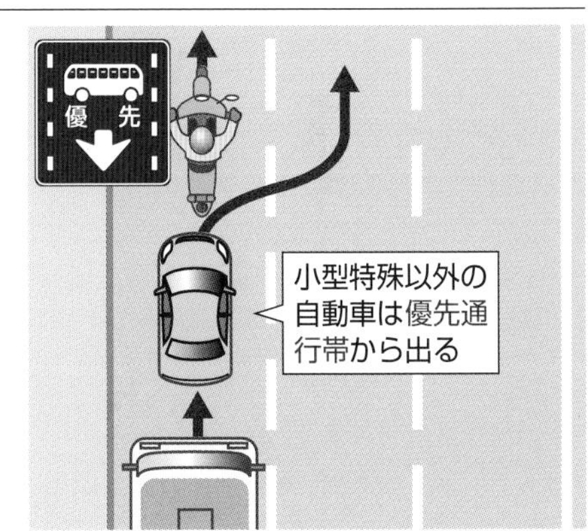

路線バスなどが接近してきたときは、小型特殊以外の自動車は、ほかの通行帯に出なければならない

みんなどこで間違える?

✸バス専用通行帯は、原則として普通自動車は通行できないが、原動機付自転車は通行できる。

15 緊急自動車の優先

▼ひっかけ問題

問1 □□□
一方通行の道路で緊急自動車が近づいてきたときは、必ず道路の左側に寄って進路を譲らなければならない。

▼ココで覚えよう

問2 □□□
消防自動車や救急車などサイレンを鳴らし、赤色の警光灯をつけて緊急用務のため運転中の自動車を、「緊急自動車」という。

問3 □□□
交差点やその付近でないところで緊急自動車が近づいてきたときは、徐行しなければならない。

問4 □□□
交差点や交差点付近で緊急自動車が接近してきたときは、交差点を避け、道路の左側に寄り、一時停止しなければならない。

▼ココで覚えよう

問5 □□□
図で、BやCの指定された通行帯を通行中の車は、緊急自動車が後方から接近してきても、通行区分に従い進路を変更する必要はない。

A B C

16 路線バスなどの優先

問1 □□□
路線バスなどの優先通行帯がある道路では、原動機付自転車もこの通行帯を通行することができる。

▼ココで覚えよう

問2 □□□
路線バスが停留所で発進の合図をしているとき、急ブレーキや急ハンドルで避けなければならない場合を除いて、その発進を妨げてはならない。

▼ひっかけ問題

問3 □□□
停留所に路線バスが止まっているときは、路線バスが発進するまでその横を通過してはならない。

▼ココで覚えよう

問4 □□□
児童などが乗降中の通学・通園バスのそばを通るときは、徐行しなければならない。

問5 □□□
図の標識のある道路では、路線バスなど以外、いかなる車両も通行してはならない。

専用

解答	解説
	例外 左側に寄るとかえって妨げとなるときは、右側に寄って進路を譲ります。
	緊急自動車とは、設問のとおりです。ただし交通取締りに従事する緊急自動車は、サイレンを鳴らさない場合もあります。
	 徐行の義務はなく、道路の左側に寄って進路を譲ります。
	一時停止をして、緊急自動車に進路を譲らなければなりません。
	 緊急自動車に進路を譲るときは、通行区分に従わなくてもかまいません。

一緒に覚えよう

主な緊急自動車

- 消防自動車
- 救急車
- パトカー
- 白バイ
- 応急作業車

解答	解説
	原動機付自転車も、路線バスなどの優先通行帯を通行できます。
	原則として、バスの発進を妨げてはいけません。
	路線バスの側方通過は、特に禁止されていません。
	徐行して安全を確かめなければなりません。
	 バス専用通行帯は、左折する場合などや、原動機付自転車、小型特殊自動車、軽車両は通行できます。

一緒に覚えよう

「路線バスなど」とは?

- 路線バス
- 通学・通園バス
- 通勤送迎バス(公安委員会が指定したものに限る)

重要度 ★★★

17 交差点の通行方法

▶左折の方法 □□

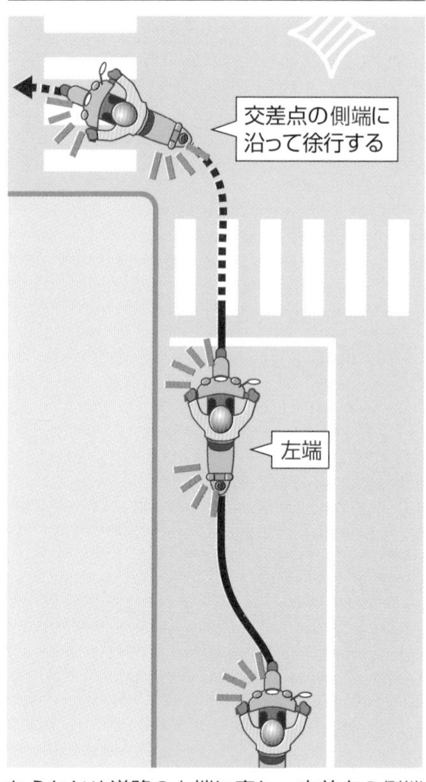

あらかじめ道路の左端に寄り、交差点の側端に沿って徐行しながら左折する

▶右折の方法 □□

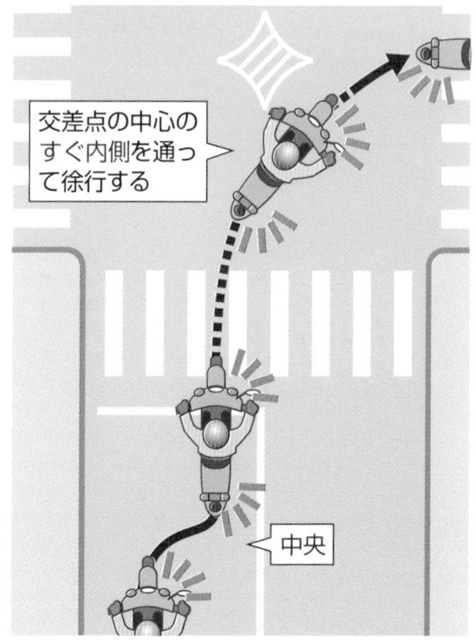

あらかじめ道路の中央に寄り、交差点の中心のすぐ内側を通って徐行しながら右折する

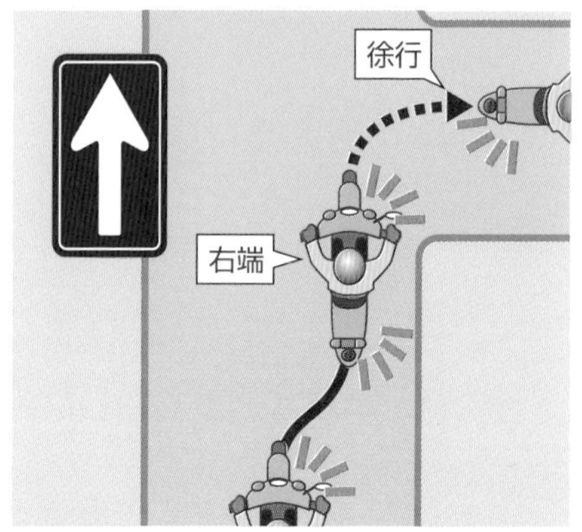

一方通行の道路では、あらかじめ道路の右端に寄り、交差点の中心の内側を徐行しながら右折する

みんなどこで間違える?

- 一方通行路で右折するときは、あらかじめできるだけ道路の右端による。
- 原動機付自転車は、車両通行帯が3つ以上の交差点では、二段階右折をしなければならない。

▶環状交差点の通行方法 □□

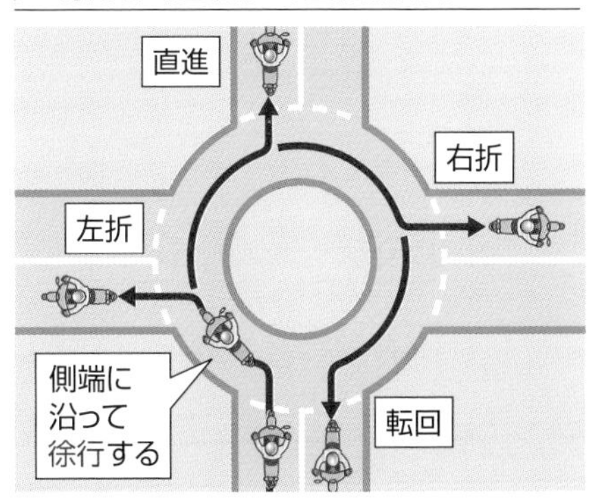

左折、右折、直進、転回をしようとするときは、あらかじめできるだけ道路の左端に寄り、環状交差点の側端に沿って徐行しながら通行する

▶交差点内の通行を妨げない □□

環状交差点に入ろうとするときは、徐行するとともに、環状交差点内を通行する車や路面電車の進行を妨げてはいけない

●環状交差点とは

車両が通行する部分が環状（円形）の交差点であり、右図の「環状の交差点における右回り通行」の標識によって車両が右回りに通行することが指定されているものをいう

▶原動機付自転車の二段階右折の方法 □□

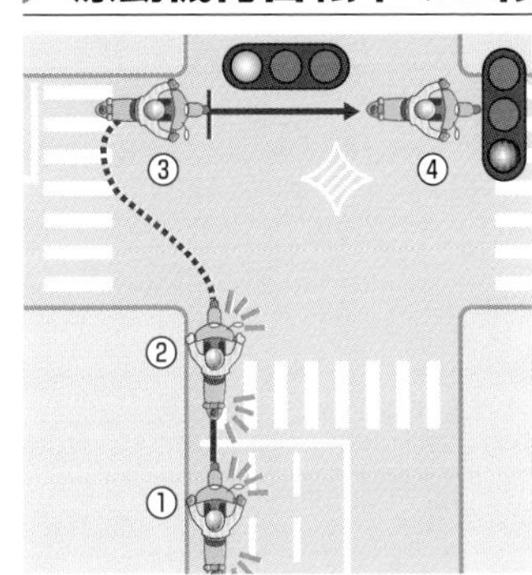

①あらかじめ道路の左端に寄り、交差点の30メートル手前で右折の合図をする
②青信号で徐行しながら交差点の向こう側まで進む
③渡り終えたら右に向きを変え、合図をやめる
④前方の信号が青になってから進行する

▶二段階右折しなければならない交差点 □□

1. 交通整理が行われていて、右図の「一般原動機付自転車の右折方法（二段階）」の標識がある交差点
2. 交通整理が行われていて、車両通行帯が3つ以上の交差点

▶自動車と同じ方法で右折しなければならない交差点 □□

1. 右図の「一般原動機付自転車の右折方法（小回り）」の標識がある交差点
2. 交通整理が行われていて、車両通行帯が2つ以下の交差点
3. 交通整理が行われていない交差点

重要度 ★★☆

18 信号がない交差点の通行方法

▶優先道路が指定されている交差点では □□

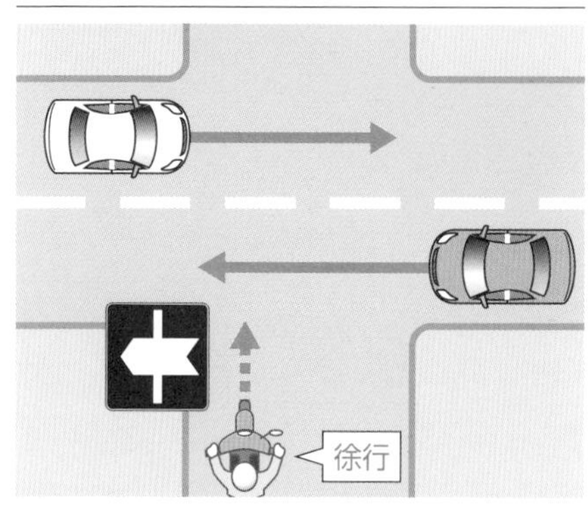

優先道路を通行している車や路面電車の進行を妨げてはいけない

▶道幅が異なる交差点では □□

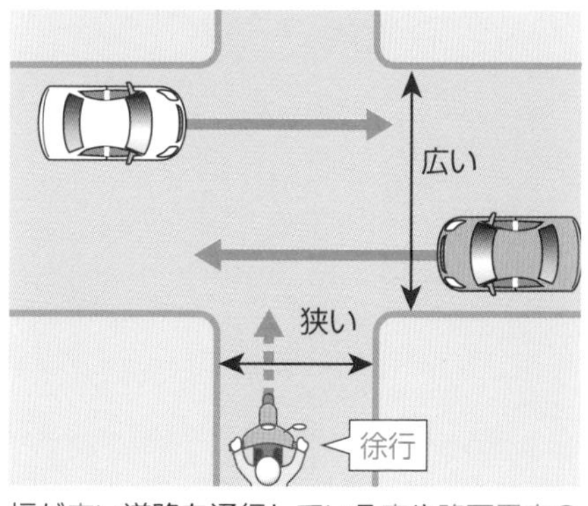

幅が広い道路を通行している車や路面電車の進行を妨げてはいけない

▶道幅が同じような交差点では □□

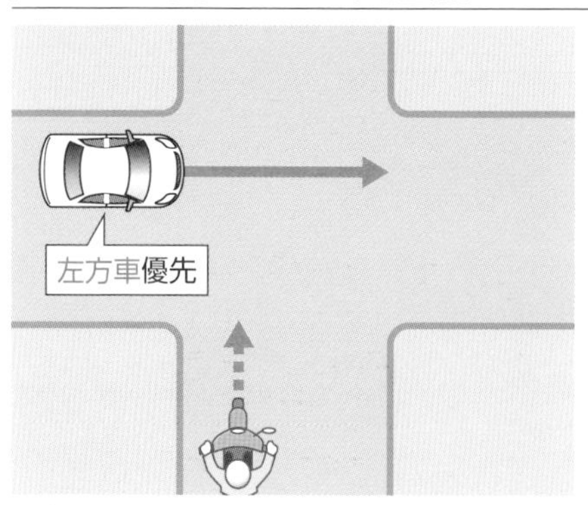

左方から進行してくる車の進行を妨げてはいけない

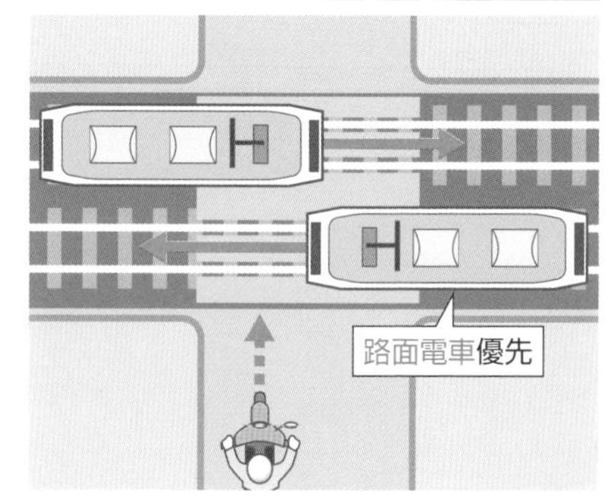

左右どちらから来ても、路面電車の進行を妨げてはいけない

みんなどこで間違える?

- 道幅が違う道路では、広い道路が優先となる。
- 道幅が同じ道路では、左方向からくる車が優先となる。

17 交差点の通行方法

	問題	解答	解説
問1 □□□	▼ひっかけ問題 一方通行の道路で右折するときは、あらかじめ道路の中央に寄り、交差点の中心の内側を徐行しなければならない。	×	あらかじめ道路の右端に寄り、交差点の中心の内側を徐行します。
問2 □□□	▼ココで覚えよう 交差点で右折しようとして自分の車が先に交差点内に入っているときは、前方からくる直進車や左折車よりも先に通行することができる。		たとえ先に交差点に入っていても、直進車や左折車の進行を妨げてはいけません。
問3 □□□	片側3車線の交差点で信号が青色の灯火を示しているとき、原動機付自転車は普通自動車と同じ方法で右折することができない。		片側3車線の交差点では、原動機付自転車は小回りではなく、二段階の方法で右折しなければなりません。
問4 □□□	▼ひっかけ問題 交差点を左折する場合は、左後方が見えにくいので、歩行者や自転車などの巻き込み事故を起こさないよう、十分注意をしなければならない。		左折するときは、歩行者や自転車などを巻き込まないように十分注意して運転する必要があります。

18 信号がない交差点の通行方法

	問題	解答	解説
問1 □□□	道幅が同じような道路の交差点では、路面電車や左方からくる車があるときは、その路面電車や車の進行を妨げてはならない。		路面電車や左方からくる車の進行を妨げてはいけません。
問2 □□□	▼ひっかけ問題 優先道路を通行しているときは、交差する道路から出てくる車は必ず停止するので、速度を落としたり、注意したりする必要はない。		安全確認や徐行をしないで進入してくる車もあるので、十分注意が必要です。
問3 □□□	交通整理の行われていない交差点で、狭い道路から広い道路に入るときは、徐行して広い道路を通行する車の進行を妨げないようにする。		徐行して、広い道路を通行する車の進行を妨げてはいけません。
問4 □□□	交差点の手前に図の標識がある場合は、自分の通行している道路が優先道路であることを示している。 		図の標識は、自分の通行している道路（標識がある側）が優先道路です。

重要度 ★★★

19 速度と停止距離

▶自動車と原動機付自転車の法定速度 □□

自動車の法定速度	原動機付自転車の法定速度	原動機付自転車でリヤカーなどをけん引するときの法定速度
60km/h	30km/h	25km/h

▶車の停止距離 □□

空走距離

運転者が危険を感じてブレーキをかけ、実際にブレーキが効き始めるまでに車が走る距離

＋

制動距離

ブレーキが効き始めてから停止するまでに車が走る距離

＝

停止距離

空走距離と制動距離を合わせた距離

▶空走距離・制動距離・停止距離が長くなるとき □□

運転者が疲れているときは、危険を感じて判断するまでに時間がかかるので、空走距離が長くなる

路面が雨に濡れているとき、重い荷物を積んでいるときは、制動距離が長くなる

路面が雨に濡れ、タイヤがすり減っているときの停止距離は、路面が乾燥していてタイヤの状態がよいときに比べて、2倍程度に延びることがある

みんなどこで間違える?

- 法定速度とは、標識や標示で指定されていないときの最高速度。
- 規制速度とは、標識や標示で指定されているときの最高速度。

重要度 ★☆☆

20 原動機付自転車のブレーキのかけ方

▶原動機付自転車のブレーキは３種類 □□

ブレーキレバーを使う前輪ブレーキ

ブレーキペダル、またはブレーキレバーを使う後輪ブレーキ

スロットル（アクセル）の戻し、またはシフトダウンによるエンジンブレーキ

▶原動機付自転車のブレーキのかけ方 □□

車体を垂直に保ち、ハンドルを切らない状態で、エンジンブレーキを効かせながら前後輪ブレーキを同時にかける

エンジンブレーキは、低速ギアになるほど制動力が大きくなる。下り坂などでは、エンジンブレーキを十分活用する

みんなどこで間違える?

- ブレーキをかけるときは、前後輪ブレーキを同時に使用する。
- 減速するときは、ブレーキを数回に分けて使用する。

19 速度と停止距離

▼ひっかけ問題

問1 □□□

図の標識は、自動車と原動機付自転車の最高速度が時速50キロメートルであることを示している。

50

▼ココで覚えよう

問2 □□□

決められた速度の範囲内であっても、道路や交通の状況、天候や視界などをよく考えて安全な速度で走行するのがよい。

問3 □□□

同じ速度で走行している車の制動距離は、荷物の重量が軽い場合よりも重い場合のほうが短くなる。

問4 □□□

路面が雨に濡れ、タイヤがすり減っている場合の停止距離は、乾燥した路面でタイヤの状態がよい場合に比べて、2倍程度に長くなることがある。

問5 □□□

運転者が危険を感じ、ブレーキを踏んでからブレーキが効き始めるまでに走る距離を制動距離という。

20 原動機付自転車のブレーキのかけ方

問1 □□□

エンジンブレーキの制動効果は、低速ギアより高速ギアのほうが大きい。

▼ココで覚えよう

問2 □□□

短い距離で車を止めるには、ブレーキを力いっぱい強くかけて、車輪の回転を完全に止めたほうがよい。

▼ひっかけ問題

問3 □□□

制動灯はブレーキと連動してつくので、断続的に踏むと後続車の妨げとなり、事故の原因となる。

問4 □□□

原動機付自転車でブレーキをかけるときは、エンジンブレーキを効かせながら、前輪および後輪のブレーキを同時にかける。

▼ココで覚えよう

問5 □□□

二輪車を運転中、ハンドルを切りながら前輪ブレーキを強くかけると転倒しやすい。

解答	解説
	標識 原動機付自転車は、時速30キロメートルを超えてはいけません。
	交通の状況や天候などを考慮し、安全な速度で走行します。
	重い車は慣性力が大きく作用するので、制動距離が長くなります。
	路面やタイヤの状態が悪いと、停止距離が長くなります。
	制動距離ではなく、空走距離といいます。

一緒に覚えよう

標識や標示による規制速度

- 自動車は、規制速度である時速50キロメートルを超えて運転してはいけない
- 原動機付自転車は、この標識や標示があっても法定速度である時速30キロメートルを超えて運転してはいけない

解答	解説
	エンジンブレーキは、低速ギアのほうが制動効果は大きくなります。
	車輪の回転を止めると、かえって制動距離が長くなります。
	ブレーキを断続的に踏むと、後続車への合図となり追突防止に役立ちます。
	原動機付自転車のブレーキは、前後輪のブレーキを同時にかけるのが基本です。
	ハンドルを切りながら前輪ブレーキを強くかけると、転倒しやすくなります。

一緒に覚えよう

ブレーキを数回に分けて使用する効果

- 後続車に対して視認性を高め追突防止の役割りを果たす
- タイヤが滑ってもまたかけ直すため、横滑りや転倒を防止できる
- 制動距離を長くとることにより安全に減速できる

重要度 ★★★

21 徐行の意味と徐行場所

▶徐行の意味と目安になる速度 □□

徐行とは、車がすぐに停止できるような速度で進行することをいう

ブレーキをかけてから、おおむね1メートル以内で停止できるような、時速10キロメートル以下の速度が目安

▶徐行しなければならない場所 □□

「徐行」の標識がある場所

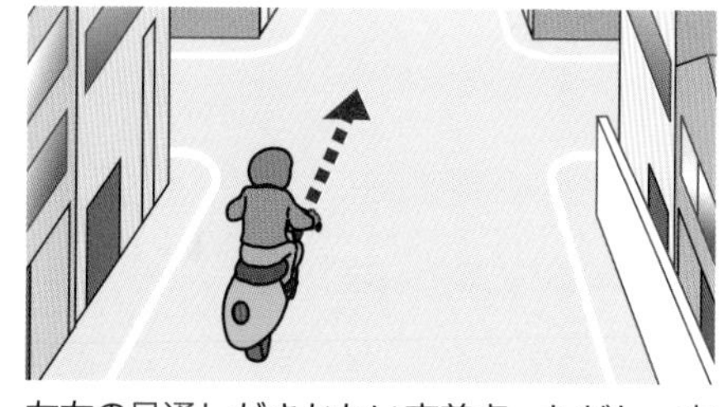

左右の見通しがきかない交差点。ただし、交通整理が行われている場合や、優先道路を通行している場合を除く

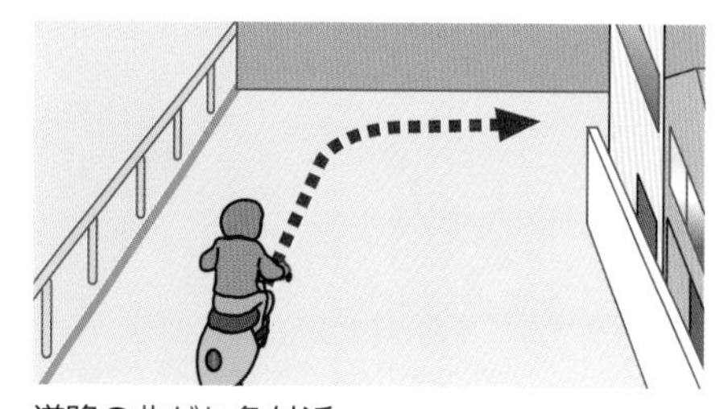

道路の曲がり角付近

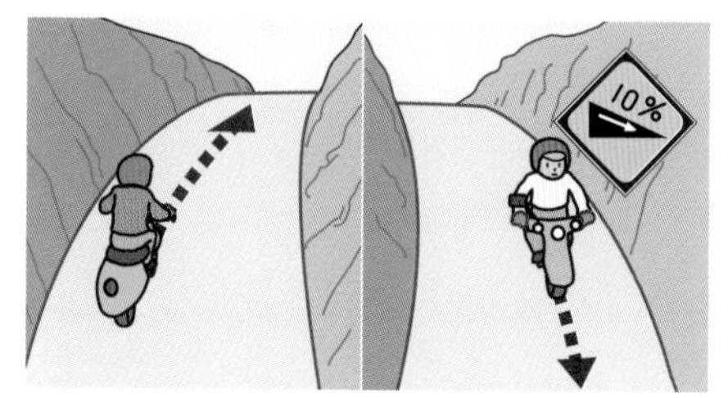

上り坂の頂上付近、こう配の急な下り坂

みんなどこで間違える?

道路の曲がり角付近は、見通しがよい悪いにかかわらず、徐行しなければならない。

重要度 ★☆☆

22 警音器の制限

▶警音器の乱用はしない □□

標識がある場所、危険を避けるためやむを得ない場合以外は、警音器を鳴らしてはいけない

▶「警笛鳴らせ」の標識があるとき □□

「警笛鳴らせ」の標識がある場所では、警音器を鳴らさなければならない

▶「警笛区間」の標識がある区間内では □□

見通しのきかない交差点を通行するときは、警音器を鳴らす

見通しのきかない曲がり角を通行するときは、警音器を鳴らす

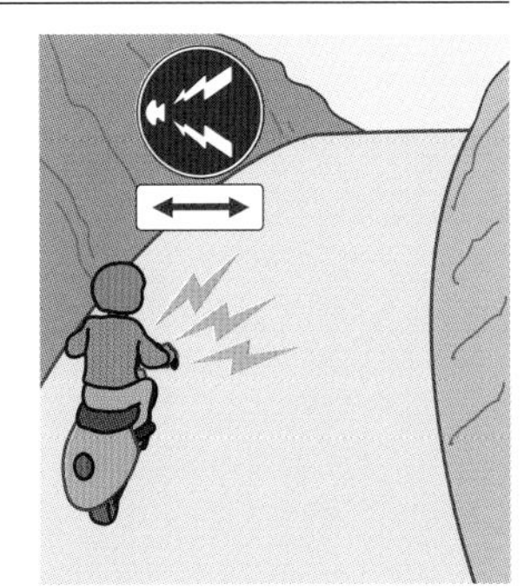

見通しのきかない上り坂の頂上付近を通行するときは、警音器を鳴らす

みんなどこで間違える?

✱指定場所、危険防止のためやむを得ない場合以外は警音器は使用禁止。

21 徐行の意味と徐行場所

▼ココで覚えよう

問1 □□□
左右の見通しがきかない交差点（交通整理が行われている場合や、優先道路を通行している場合を除く）では徐行しなければならないが、交通の状況によって一時停止が必要な場合もある。

問2 □□□
徐行とは、走行中の速度を半分に落とすことである。

問3 □□□
上り坂の頂上付近であっても、徐行の標識がなければ、徐行しないで通行してよい。

▼ひっかけ問題

問4 □□□
道路の曲がり角付近は、見通しがよい悪いにかかわらず、徐行しなければならない。

問5 □□□
図の標識があるところでは、徐行しなければならない。

徐行
SLOW

22 警音器の制限

問1 □□□
危険を避けるためやむを得ないときであれば、学校や病院の近くであっても警音器を鳴らしてもよい。

問2 □□□
警音器は、「警笛鳴らせ」の標識があるところ以外では、絶対に鳴らしてはならない。

問3 □□□
前車の発進をうながすときや、仲間の車と行き違うときなどの合図に、警音器を鳴らしてはならない。

▼ココで覚えよう

問4 □□□
白いつえを持った人やひとりで歩いている子どものそばを通るときは、警音器で注意をうながして通行する。

問5 □□□
図の標識のあるところでは、見通しのよい交差点であっても、警音器を鳴らさなければならない。

解答	解説
 	「一時停止」の標識などがある場合は、それに従います。
	徐行とは、車がすぐ停止できるような速度で進行することをいいます。
	上り坂の頂上付近は、標識がなくても徐行しなければなりません。
	道路の曲がり角付近は、見通しに関係なく、徐行場所として指定されています。
 	「徐行」を表し、徐行すべき場所なので、すぐに停止できるような速度で進行します。

一緒に覚えよう

「優先道路」とは?

①下の標識のある道路

②交差点の中まで中央線などの標示がある道路

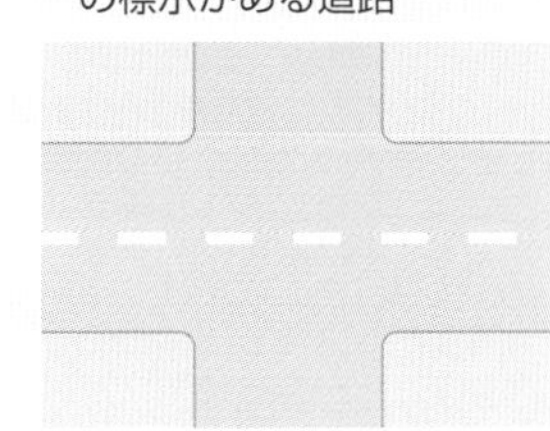

解答	解説
	危険を避けるためやむを得ない場合は、警音器を鳴らすことができます。
 	危険を避けるためやむを得ないときは、警音器を鳴らせます。
	警音器は、あいさつ代わりに鳴らしてはいけません。
	警音器は鳴らさず、徐行か一時停止して安全に通行できるようにします。
 標識	「警笛区間」を表します。見通しのきかない交差点を通行するときは、警音器を鳴らさなければなりません。

一緒に覚えよう

警笛の乱用に該当する例

- 前車の発進を催促するような使用
- 無理な追い越しをするときの使用
- あいさつ代わりにする使用

重要度 ★★☆

23 駐車と停車の意味

▶「駐車」になる行為 □□

人や荷物を待つための車の停止

5分を超える荷物の積みおろしのための車の停止

故障など継続的な車の停止

▶「停車」になる行為 □□

人の乗り降りのための車の停止

車から離れない5分以内の荷物の積みおろしのための車の停止

車から離れてもすぐ運転できる状態での車の停止

みんなどこで間違える?

- 荷物の積みおろしは、5分以内は「停車」、5分を超えると「駐車」になる。
- 人の乗り降りのための停止は「停車」、人待ちの停止は「駐車」になる。

重要度 ★★☆

24 駐停車の方法

▶歩道や路側帯のない道路では □□

道路の左端に沿って駐停車する

▶歩道のある道路では □□

車道の左端に沿って駐停車する

▶幅の狭い路側帯のある道路では □□

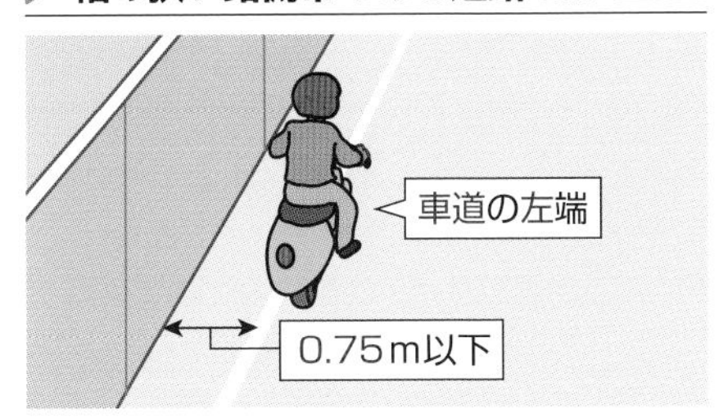

幅が0.75メートル以下の場合は、路側帯に入らず車道の左端に沿って駐停車する

▶幅の広い路側帯のある道路では □□

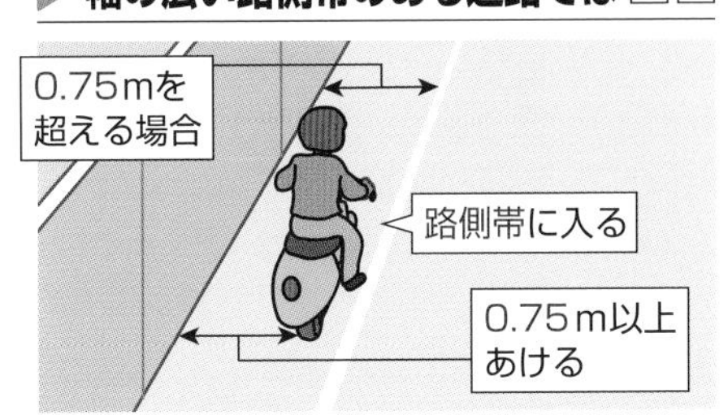

白線1本で幅が0.75メートルを超える場合は、路側帯に入り、車の左側に0.75メートル以上の余地を残して駐車する

▶2本線の路側帯のある道路では □□

白線の破線と実線は「駐停車禁止路側帯」を意味し、路側帯に入って駐停車できない

白線2本は「歩行者用路側帯」を意味し、路側帯に入って駐停車できない

みんなどこで間違える?

✳幅の広い路側帯のある道路では、その中に入り車の左側に0.75メートル以上の余地をあけて駐停車する。

23 駐車と停車の意味

問1 □□□

10分以内の荷物の積みおろしのための停止は、すぐに運転できる状態であれば、駐車にはならない。

問2 □□□

駐車とは、車が継続的に停止することや、運転者が車から離れていてすぐに運転できない状態で停止することをいう。

問3 □□□

人の乗り降りや5分以内の荷物の積みおろしのための停止は、停車ではなく駐車である。

▼ココで覚えよう

問4 □□□

違法な駐車車両は、交通の妨害、交通事故の原因、緊急車両の妨害など、交通上や社会生活上に大きな障害となる。

▼ひっかけ問題

問5 □□□

駐車禁止場所で車を止め、運転者が車から離れても、5分以内に戻れば駐車違反にならない。

24 駐停車の方法

問1 □□□

図の標識のあるところでは、車を止めるとき、道路の端に対して平行に駐車しなければならない。

平行駐車

▼ココで覚えよう

問2 □□□

駐車するとき、車の右側の道路上に3.5メートル以上の余地がない場所では、原則として駐車することができない。

▼ひっかけ問題

問3 □□□

歩道や路側帯のない道路で駐車や停車をするときは、車の左側に0.75メートル以上の余地をあけ、歩行者の通行を妨げないようにしなければならない。

問4 □□□

路側帯の幅が0.75メートル以下の道路では、路側帯に入らずに、車道の左端に駐車する。

問5 □□□

原動機付自転車は車体が小さいので、歩道に駐車してもかまわない。

解答	解説

	数字 5分を超える荷物の積みおろしは、駐車に該当します。
	客待ち、荷待ち、5分を超える荷物の積みおろし、故障なども、駐車に該当します。
	数字 人の乗り降りや5分以内の荷物の積みおろしのための停止は、停車に該当します。
	違法な駐車車両は、さまざまな障害になります。
	車から離れてすぐに運転できない状態は、時間に関係なく駐車になります。

一緒に覚えよう

荷物の積みおろしについて

- 5分を超える場合…駐車
- 5分以内の場合…停車

解答	解説
	標識 「平行駐車」を表し、道路の端に対して平行に駐車しなければなりません。
	荷物の積みおろしですぐ運転できる場合や、傷病者の救護のためやむを得ない場合以外は3.5メートル以上の余地が必要です。
	道路の左端に沿って止め、車の右側の余地を多くとるようにします。
	数字 路側帯の幅が0.75メートル以下の道路では、そこに入らず、車道の左端に沿って駐車します。
	原動機付自転車でも、歩道に駐車してはいけません。

一緒に覚えよう

路側帯が1本のとき

- 広い（0.75メートルを超える）場合は、路側帯に入り0.75メートル以上の余地をあけて止める

- 狭い（0.75メートル以下）の場合は、路側帯に入らず車道の左端に沿って止める

重要度 ★★★

25 駐停車禁止場所

▶駐車も停車も禁止されている場所 □□

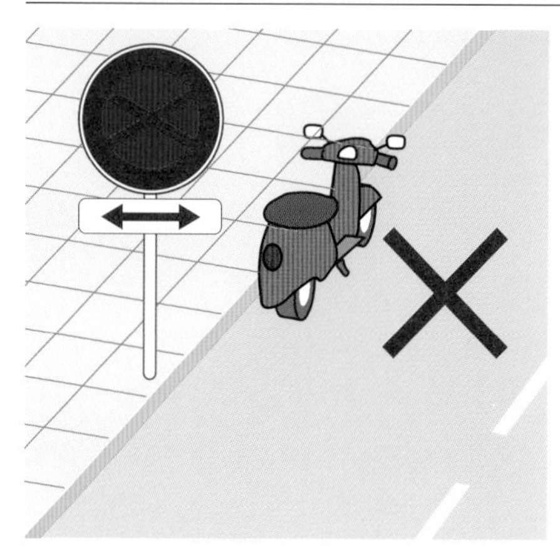
「駐停車禁止」の標識・標示のある場所

軌道敷内

坂の頂上付近、こう配の急な坂

トンネル

みんなどこで間違える?

- 駐停車禁止場所は、全部で10か所ある。
- こう配の急な坂は、上りも下りも駐停車禁止である。

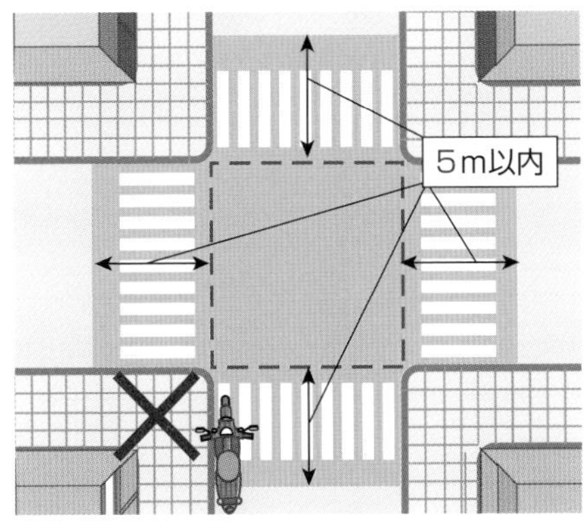

交差点と、その端から5メートル以内の場所

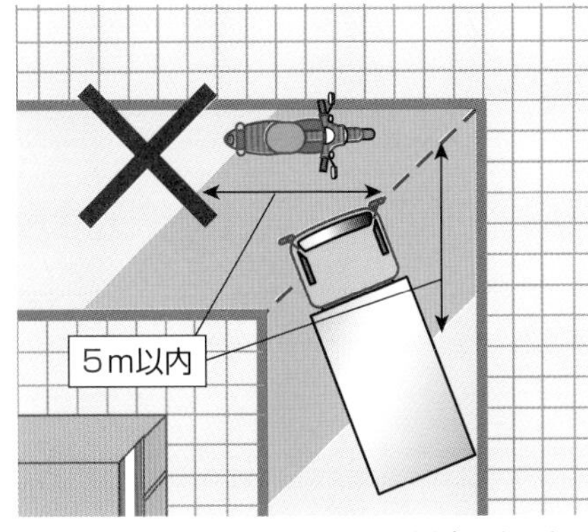

道路の曲がり角から5メートル以内の場所

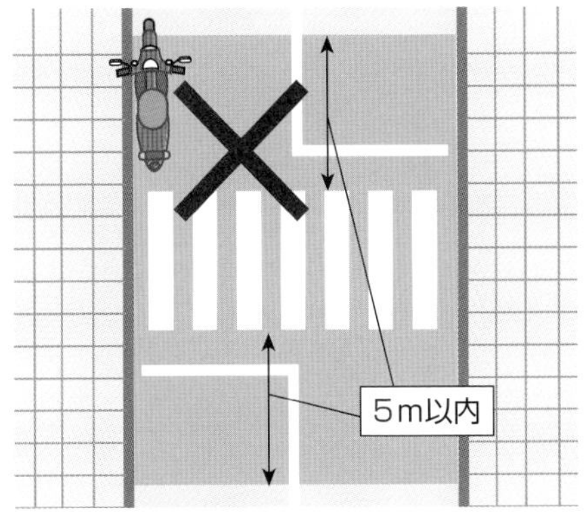

横断歩道や自転車横断帯と、その端から前後5メートル以内の場所

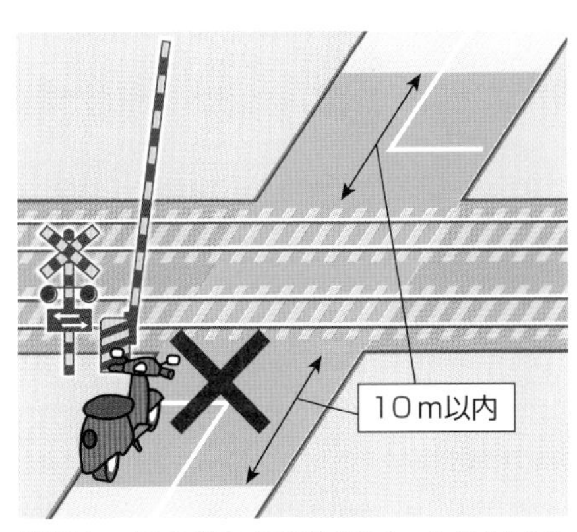

踏切と、その端から前後10メートル以内の場所

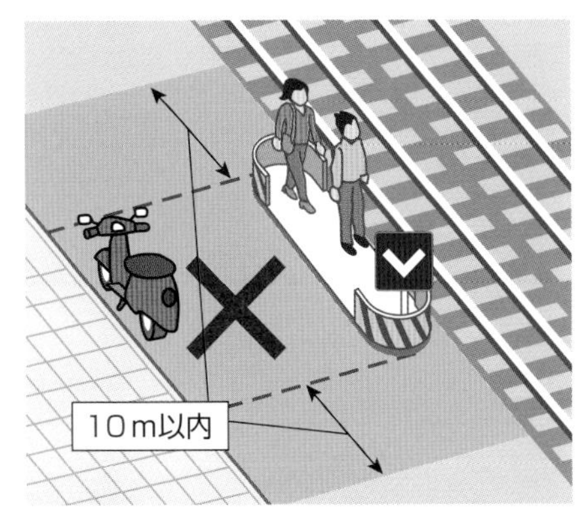

安全地帯の左側と、その前後10メートル以内の場所

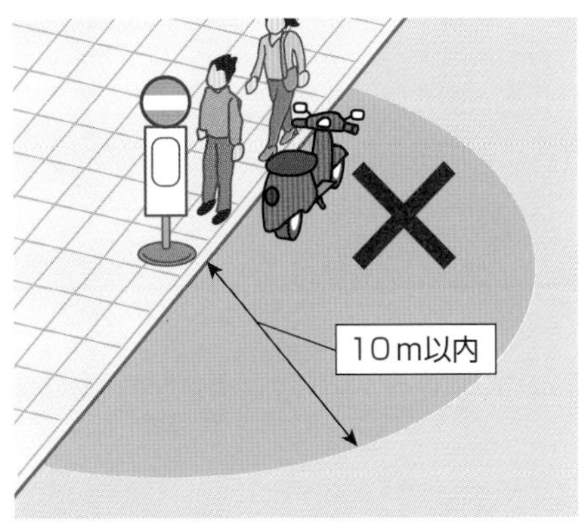

バス、路面電車の停留所の標示板（標示柱）から10メートル以内の場所（運行時間中のみ）

26 駐車禁止場所

▶駐車が禁止されている場所 □□

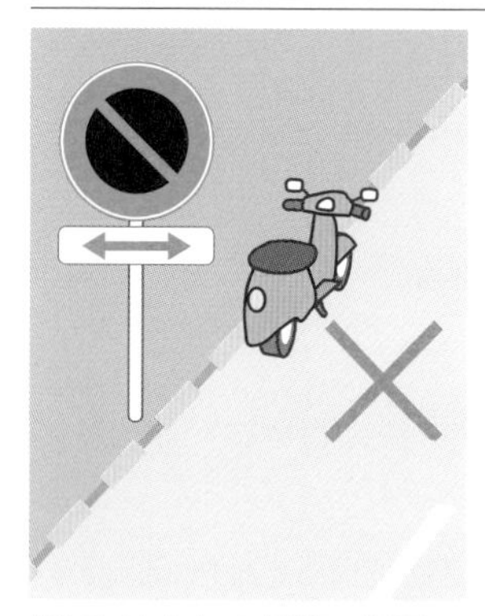

「駐車禁止」の標識・標示のある場所

火災報知機から1メートル以内の場所

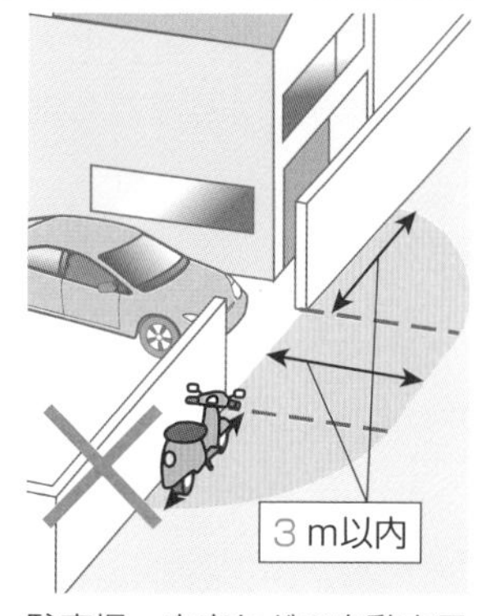

駐車場、車庫などの自動車用の出入り口から3メートル以内の場所

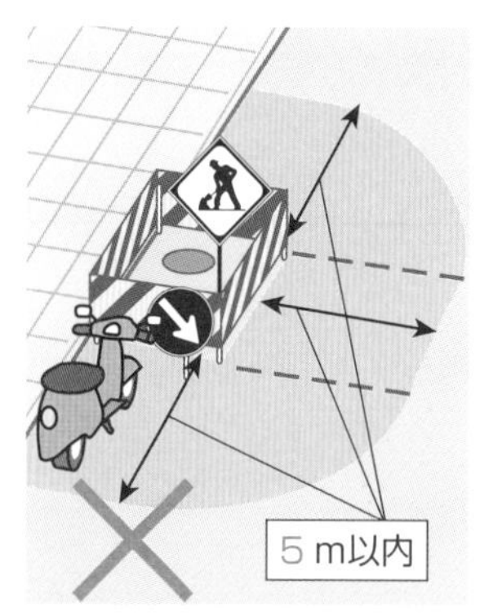

道路工事の区域の端から5メートル以内の場所

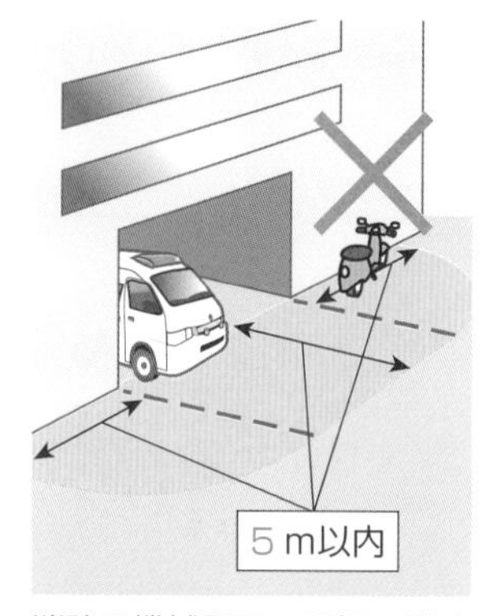

消防用機械器具の置場、消防用防火水槽、これらの道路に接する出入り口から5メートル以内の場所

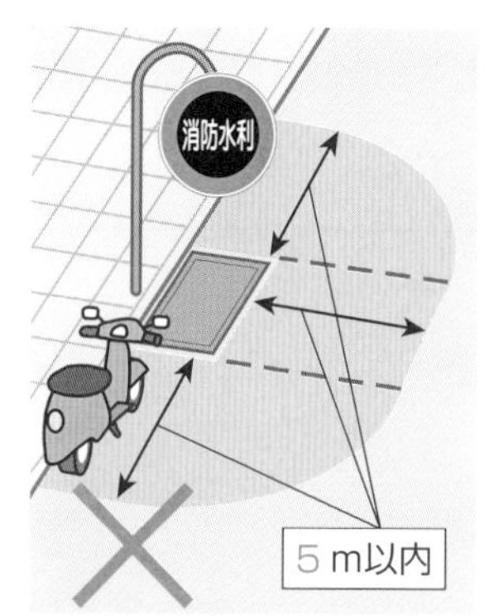

消火栓、指定消防水利の標識のある位置、消防用防火水槽の取り入れ口から5メートル以内の場所

みんなどこで間違える?

- 駐車禁止場所でも、「警察署長の許可を受けたとき」は駐車することができる。
- 歩道縁石の黄色い破線は「駐車禁止」の意味である。

25 駐停車禁止場所

		解答	解説
問1 □□□	図の標示は、駐車禁止を表している。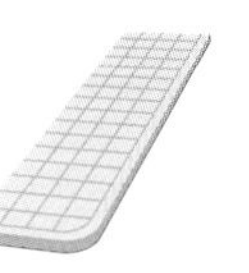		「駐停車禁止」を表す規制標示です。
問2 □□□	トンネル内は、道幅や通行帯に関係なく駐停車禁止である。		トンネル内は、駐停車禁止場所に指定されています。
問3 □□□	踏切とその端から前後10メートル以内の場所は、駐車はもちろん停車も禁止されている。		設問は駐停車禁止場所なので、駐車と停車が禁止されています。
問4 □□□	道路工事の区域の端から5メートル以内の場所は、駐車も停車も禁止されている。		設問の場所は、駐車は禁止されていますが、停車は禁止されていません。

26 駐車禁止場所

		解答	解説
問1 □□□	消火栓の直前は、人の乗り降りのためでも停車してはならない。		駐車禁止場所なので、停車はすることができます。
問2 □□□	駐車場の出入り口から3メートル以内の場所は、駐停車が禁止されている。		設問の場所は、駐車は禁止されていますが、停車は禁止されていません。
問3 □□□	▼ひっかけ問題 消火栓や指定消防水利の標識が設けられている位置から5メートル以内の場所では、駐車をしてはならない。		設問の場所では、駐車をしてはいけません。
問4 □□□	▼ひっかけ問題 駐車場や車庫などの出入り口から3メートル以内の場所には駐車をしてはならないが、自宅の車庫の出入り口であれば駐車することができる。		自宅の車庫の出入り口でも駐車してはいけません。

重要度 ★★☆

27 追い越しのルールと禁止場所

▶追い越しと追い抜きの違い □□

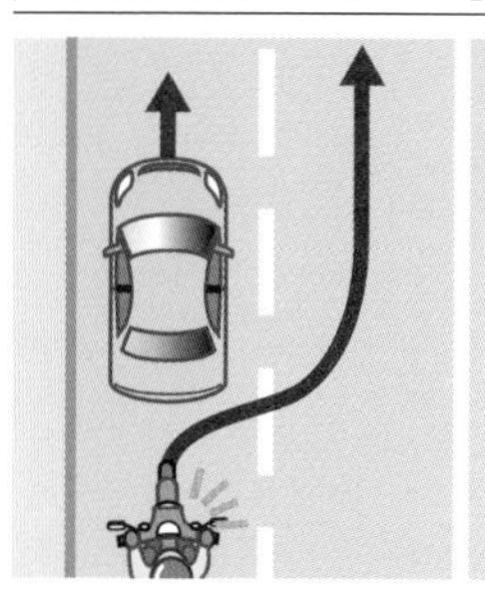

追い越しは、車が進路を変えて、進行中の前車の前方に出ることをいう

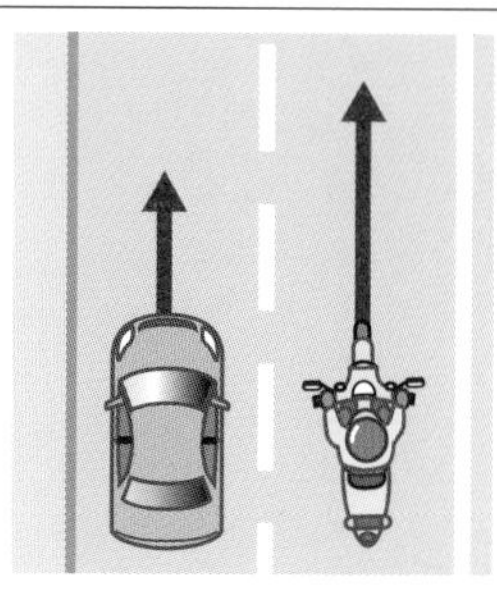

追い抜きは、車が進路を変えないで、進行中の前車の前方に出ることをいう

▶車を追い越すとき □□

前車を追い越すときは、その右側を通行する

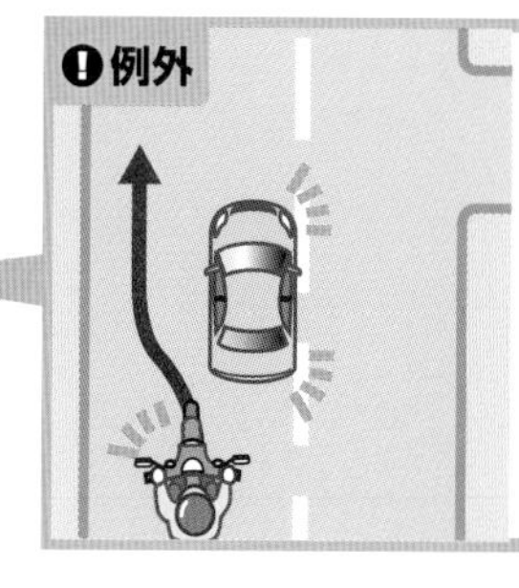

❶例外

前車が右折するため、道路の中央(一方通行路では右端)に寄っているときは、その左側を通行する

▶路面電車を追い越すとき □□

路面電車を追い越すときは、その左側を通行する（軌道が左端に寄っている場合を除く）

▶追い越す車との側方間隔 □□

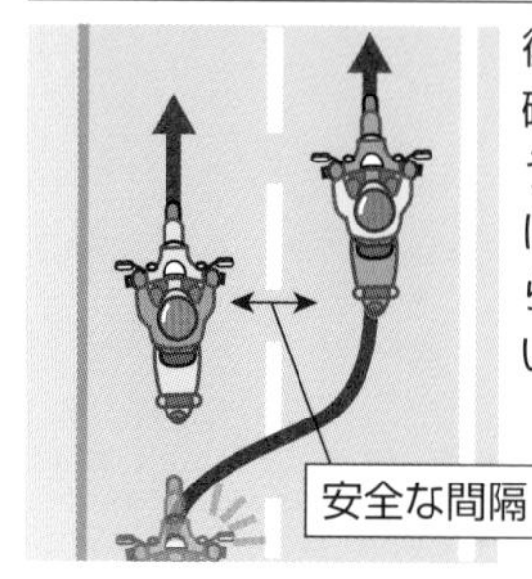

後方などの安全を確かめ、追い越そうとする車の側方に安全な間隔をとらなければならない

みんなどこで間違える?

- 道路の左側部分の幅が6メートル以上の道路では、右側部分にはみ出して追い越してはいけない。

▶追い越しが禁止されている場所 □□

追越し禁止

「追越し禁止」の標識がある場所

道路の曲がり角付近

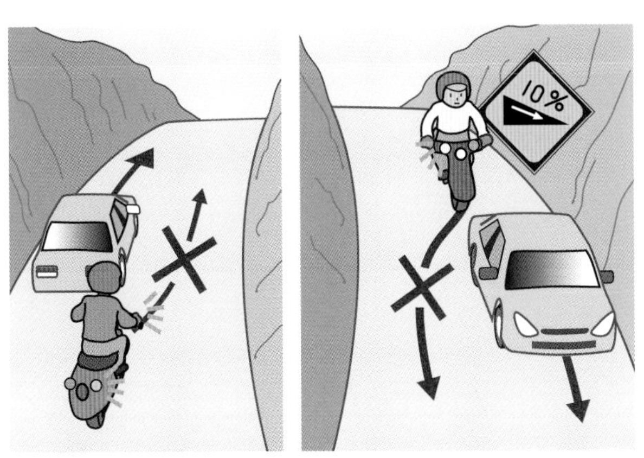

上り坂の頂上付近とこう配の急な下り坂

車両通行帯のないトンネル

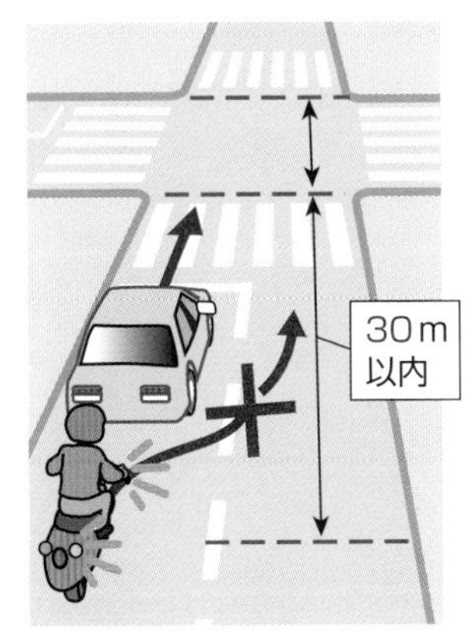

交差点と、その手前から30メートル以内の場所

❶例外 優先道路を通行しているとき

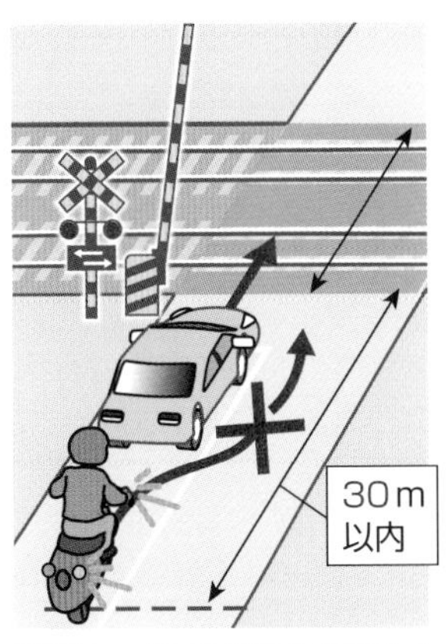

踏切と、その手前から30メートル以内の場所

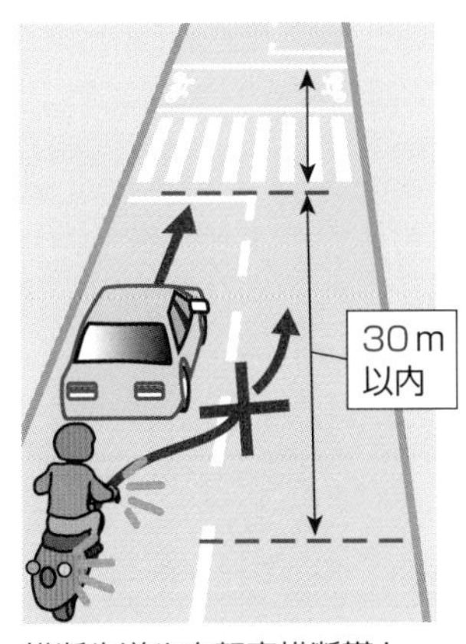

横断歩道や自転車横断帯と、その手前から30メートル以内の場所（追い抜きも禁止）

重要度 ★★☆

28 追い越しが禁止されている場合

▶追い越しが禁止されているとき □□

前車が自動車を追い越そうとしているとき（二重追い越し）

注意 前車が追い越そうとしているのが原動機付自転車の場合は、二重追い越しにならない

前車が右折などのため、右側に進路変更しようとしているとき

道路の右側にはみ出して追い越しをしようとすると、ほかの車の進行を妨げるようなとき

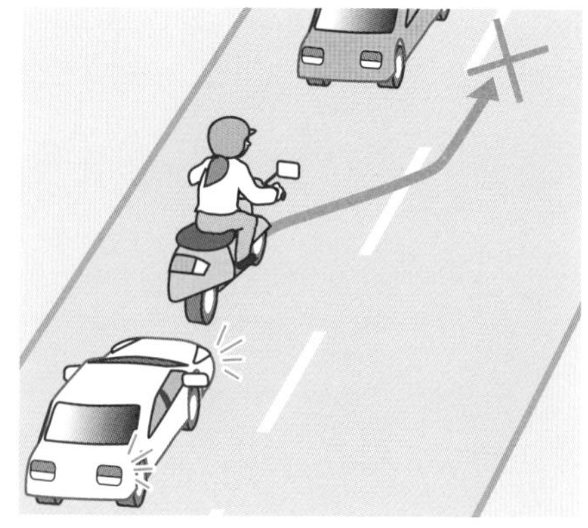

後ろの車が、自分の車を追い越そうとしているとき

みんなどこで間違える?

- 前の車が自動車を追い越そうとしているときは追い越し禁止（二重追い越し）。
- 原動機付自転車を追い越そうとしている車の追い越しは可能。

27 追い越しのルールと禁止場所　解答　解説

▼ココで覚えよう

問1 □□□
追い越しは、運転操作が複雑になるので、運転に自信があっても無理に追い越しはしないことが大切である。

追い越しをする行為は危険を伴うので、決して無理をしてはいけません。

問2 □□□
車が進路を変えないで進行中の前の車の前方に出る行為を、追い越しという。

進路を変えないで進行中の前車の前に出る行為は、追い抜きといいます。

問3 □□□
横断歩道や自転車横断帯とその手前から30メートルの間は、追い越しが禁止されているが、追い抜きは禁止されていない。

歩行者や自転車を保護するため、追い越しと追い抜きの両方が禁止されています。

問4 □□□
交差点の手前30メートル以内の場所では、優先道路を通行している場合であっても、追い越しが禁止されている。

優先道路を通行している場合は、例外として追い越しをすることができます。

28 追い越しが禁止されている場合　解答　解説

問1 □□□
原動機付自転車は、前の車が右折などのために進路を変えようとしているときは、これを追い越してはならない。

前車が右に進路を変えようとしているときは、これを追い越してはいけません。

問2 □□□
前の車が原動機付自転車を追い越そうとしているときは、追い越しをしてはならない。

前の車が原動機付自転車を追い越そうとしているときは、追い越しが禁止されていません。

問3 □□□
前方の安全が確認できれば、後続車が自分の車を追い越そうとしていても、前の車を追い越してよい。

後続車が追い越そうとしているときは、追い越しをしてはいけません。

問4 □□□
対向車の進行を妨げるおそれがあるときは、追い越しをしてはならない。

対向車の進行妨害となるので、追い越しをしてはいけません。

重要度 ★☆☆

29 踏切の通行

▶踏切を通過するとき □□

踏切の直前で一時停止し、自分の目と耳で安全を確認しなければならない

信号機のある踏切で青色の灯火を表示しているときは、安全を確認して通過できる

▶踏切を通過するときの注意点 □□

警報機が鳴っているとき、遮断機が降りているときや降り始めているときは、踏切に入ってはいけない

踏切の先が混雑していて、そのまま進むと踏切内で動けなくなるおそれがあるときは、踏切に入ってはいけない

踏切内では、エンスト防止のため、発進したときの低速ギアのまま一気に通過する

落輪防止のため、対向車に注意して、踏切のやや中央寄りを通行する

みんなどこで間違える?

✹踏切手前の信号が青色のときは、一時停止しなくても通過することができる。

重要度 ★★☆

30 視覚の特性と車に働く自然の力

▶視覚の特性と注意点 □□

運転中の疲れは、目にもっとも強く現われる

明るさが急に変わると、視力は一時急激に低下する

1点だけを注視せず、前方や後方の状況に目を配る

▶摩擦力 □□

濡れたアスファルトの路面を走行するときは、摩擦抵抗が小さくなるので、制動距離が長くなる

▶遠心力 □□

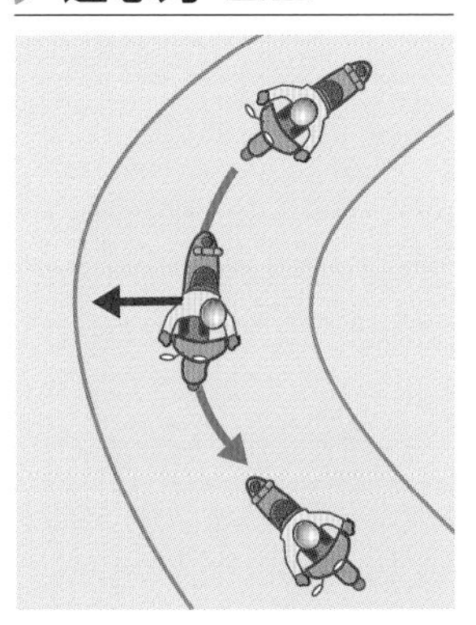

遠心力は、カーブを回るとき、外側に滑り出そうとする力をいう。カーブの半径が小さくなるほど大きくなり、速度の二乗に比例して大きくなる

▶衝撃力 □□

衝撃力は、速度と重量に応じて大きくなる。また、固い物にぶつかったときに大きくなる

みんなどこで間違える?

遠心力はカーブの半径が小さくなるほど大きくなり、速度の二乗に比例して大きくなる。

29 踏切の通行

問1 □□□

図の標識は、この先に路面電車の停留所があることを表している。

問2 □□□

遮断機が上がった直後の踏切は、すぐに列車がくることはないので、安全確認をせずに通過した。

▼ココで覚えよう

問3 □□□

踏切支障報知装置のない踏切内で車が動かなくなったときは、発炎筒や煙の出やすいものを付近で燃やすなどして合図をするのがよい。

問4 □□□

踏切の前方が混雑している状態のときは、その踏切の手前で停止して、踏切に入ってはならない。

問5 □□□

踏切で信号が青のときは、踏切の手前で一時停止する必要はないが、安全を確かめてから通過しなければならない。

30 視覚の特性と車に働く自然の力

▼ココで覚えよう

問1 □□□

時速60キロメートルでコンクリートの壁に激突した場合、約14メートルの高さ（ビルの5階程度）から落ちた場合と同じ程度の衝撃力を受ける。

問2 □□□

視力は、明るいところから急に暗いところに入ると低下するが、暗いところから急に明るいところに出るときは変わらない。

▼ココで覚えよう

問3 □□□

四輪車から見る二輪車は、距離は実際より近く、速度は実際より速く感じやすい。

問4 □□□

車が衝突するときの運動エネルギーは、速度を半分に落とせばおおむね4分の1になる。

問5 □□□

遠心力は、速度が上がるほど、またカーブの半径が小さくなるほど小さくなる。

解答	解説
	 「踏切あり」の標識です。この先に踏切があることを表しています。
	必ず一時停止をして、安全を確認しなければなりません。
	発炎筒や煙の出やすいものを付近で燃やすなどして、一刻も早く列車の運転士に知らせます。
	踏切内で停止するおそれがあるので、踏切に進入してはいけません。
	 安全を確かめてから通過しなければなりません。

一緒に覚えよう

「踏切支障報知装置」とは？

警報機の柱などに取り付けられている押しボタン式の非常スイッチのこと。

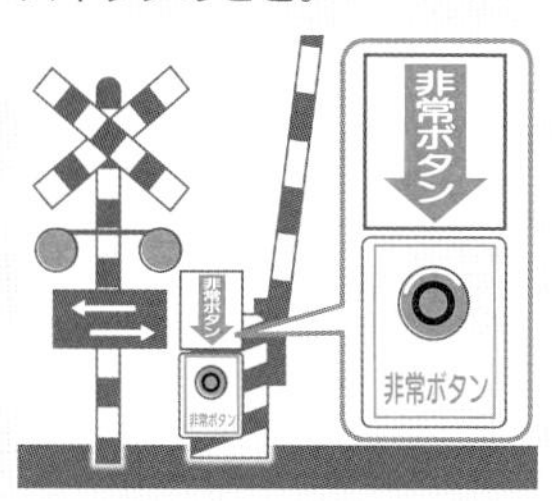

解答	解説
	時速60キロメートルで壁に激突した場合は、ビルの5階程度から落ちた場合と同じ程度の衝撃力を受けます。
	明るさが急に変わると、視力は一時急激に低下します。
	距離は実際より遠く、速度は実際より遅く感じやすくなります。
	衝撃力は、おおむね速度の二乗に比例するので4分の1になります。
	遠心力は、速度が速いほど、カーブの半径が小さいほど大きくなります。

一緒に覚えよう

眼の順応について

- **暗順応**…明るい所から急に暗い所に行くと最初は暗いが、しばらくすると見えるようになること

- **明順応**…暗い所から急に明るい所に行くと最初はまぶしいが、しばらくすると見えるようになること

- 暗順応のほうが、明順応よりも時間がかかる

重要度 ★★☆

31 夜間と悪天候時の運転

▶夜間に運転するとき □□

ライトをつけて走行する(昼間でもトンネルや霧などで50メートル先が見えないときも同じ)

▶対向車と行き違うとき □□

前照灯を下向きに切り替える(車の直後を走行するときも同じ)

▶雨の日の運転 □□

路面がスリップしやすいので、晴れの日よりも速度を落とし、車間距離を十分とって慎重に走行する

▶雪道での運転 □□

急ハンドルや急ブレーキは避け、速度を落とし、車の通った跡(わだち)を走行する

▶霧が出たときの運転 □□

前照灯を早めにつけ、速度を落とし、危険防止のため、必要に応じて警音器を使用する

▶風が強いときの運転 □□

ハンドルが取られやすいので、ハンドルをしっかり握り、速度を落として走行する

みんなどこで間違える?

✳霧が出たときは、ライトを上向きにすると光が乱反射して、かえって見えにくくなる。

重要度★☆☆

32 交通事故、災害時の運転

▶交通事故が起きたとき □□

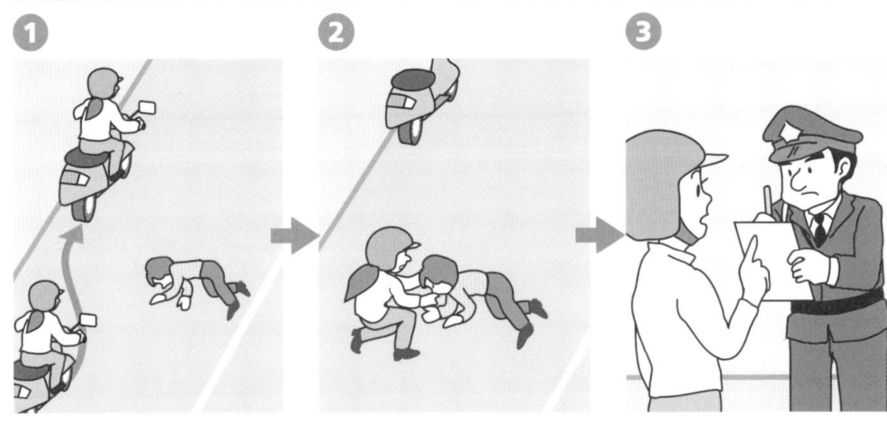

① ほかの交通の妨げにならない場所に車を移動させ、続発事故防止措置をとる

② 負傷者がいる場合は、止血などの応急救護処置を行う

③ 事故の発生状況、負傷者の有無などを、警察官に報告する

▶大地震が発生したとき □□

できるだけ安全な方法で車を道路の左端に止め、道路外の場所に移動させるようにする

避難するときは、やむを得ない場合を除き車を使用してはいけない

みんなどこで間違える?

✹交通事故で負傷者がでたら、医師や救急車が到着するまで応急処置を施す。

31 夜間と悪天候時の運転

問1 □□□

夜間、街路灯がついている明るい道路を通る車は、前照灯をつけなくてもよい。

▼ひっかけ問題

問2 □□□

夜間、交通量の多い市街地の道路などでは、周囲がよく見えるように、前照灯を上向きにしたまま運転したほうがよい。

問3 □□□

雨の日は視界が悪いので、対向車との正面衝突を避けるため、できるだけ路肩に寄って通行したほうがよい。

問4 □□□

霧のときは前照灯を早めにつけ、中央線やガードレール、前車の尾灯を目安に速度を落として走行し、必要に応じて警音器を使うようにする。

▼ココで覚えよう

問5 □□□

舗装道路では、雨の降り始めのほうが、降っている最中よりもスリップしやすい。

32 交通事故、災害時の運転

問1 □□□

運転中に大地震が発生して車を駐車するときは、できるだけ道路外に停止させる。

▼ココで覚えよう

問2 □□□

交通事故を起こしたときは、警察官にありのままの事故現場を見てもらう必要があるので、衝突した自動車や負傷者は、警察官が来るまでそのままにしておく。

▼ココで覚えよう

問3 □□□

事故で頭部に傷を受けている場合は、救急車が来る前に病院へ連れて行ったほうがよい。

問4 □□□

運転中に大地震が発生したときは、津波から避難するためやむを得ない場合を除き、車を使用してはいけない。

問5 □□□

交通事故を見かけたら、負傷者の救護にあたったり、事故車を移動させるなど積極的に協力する。

解答	解説
	夜間、車を運転するときは、必ず前照灯をつけなければなりません。
	交通量の多い市街地の道路では、前照灯を下向きに切り替えて運転します。
	路肩は緩んで崩れるおそれがあるので、避けて通行します。
	霧のときは、霧灯や前照灯を早めにつけ、必要に応じて警音器を使用します。
	雨の降り始めは、道路の表面に土ぼこりが浮き上がるので滑りやすくなります。

一緒に覚えよう

蒸発現象に注意!

自車と対向車のライトで照らす道路の中央付近は、歩行者や自転車が見えにくくなる。これを「蒸発現象」といい、十分な注意が必要。

解答	解説
	緊急通行車両の通行の妨げにならないように、できるだけ道路外に停止させます。
	続発事故防止の措置をとって、負傷者をただちに救護します。
 	頭部を打った場合は、むやみに動かしてはいけません。
	大地震が発生したときは、やむを得ない場合を除き、車を使用して避難してはいけません。
	交通事故を見かけたら、負傷者の救護など積極的に協力します。

一緒に覚えよう

交通事故現場に居合わせたら……

①**続発事故の防止**…二重事故にならないように車や負傷者を安全な場所に移動する
②**負傷者の救護**…救急車を呼び、可能な限り応急救護処置を行う
③**ひき逃げを見かけたら**…車の色やナンバーなどの特徴を警察官に報告する

重要度 ★☆☆

33 緊急時の対処法

▶対向車と正面衝突しそうになったとき □□

まず警音器を鳴らし、つぎにすべてのブレーキ(エンジンブレーキ、前輪ブレーキ、後輪ブレーキ)を使用して、できるだけ左側に避ける。道路外が安全な場所であれば、道路外に出て衝突を回避する

▶走行中にパンクしたとき □□

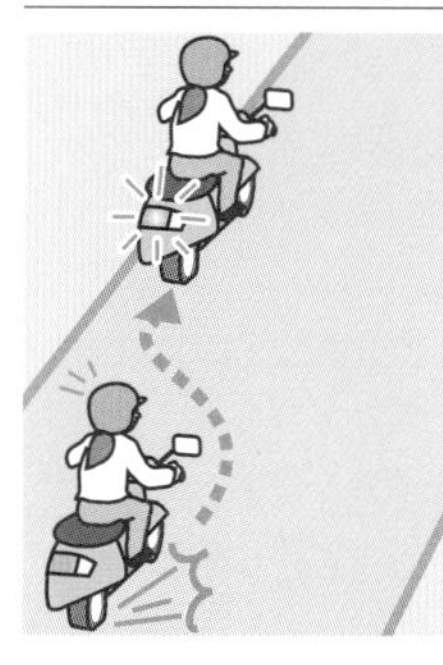

まずハンドルをしっかり握り、車体を垂直に保つ。つぎにエンジンブレーキを使用して速度を落とし、パンクしていないほうのブレーキを徐々にかけて、道路の左側に停止する

▶エンジンの回転数が下がらなくなったとき □□

まずエンジンの点火スイッチを切ってエンジンの回転を止める。つぎに前後輪のブレーキを同時にかけて、道路の左側に停止する

▶下り坂で前輪か後輪のブレーキが効かなくなったとき □□

まずアクセルグリップを戻してエンジンブレーキを使用する(ギア付車の場合はシフトダウンする)。つぎに効くほうのブレーキを徐々にかけて、道路の左側に停止する

問1 □□□

対向車と正面衝突のおそれが生じたときは、少しでもハンドルとブレーキでかわすようにしなければならないが、もし道路外が危険な場所でなければ、道路外に出ることもためらってはいけない。

ハンドルとブレーキでかわす、道路外に出るなどして、正面衝突を避けます。

問2 □□□

二輪車を運転中、スロットルグリップのワイヤーが引っかかり、エンジンの回転数が上がったままになったときは、ただちに点火スイッチを切る。

ただちに点火スイッチを切って、エンジンの回転を止めます。

Part 3

実戦模擬テスト

問題をたくさん解いて、
実力と自信をつけよう!

第1回
模擬テスト

次の問題を読んで、正しいと思うものについては「○」、誤りと思うものについては「×」で答えなさい。なお、問47、問48のイラスト問題については、(1)～(3)のすべてが正解しないと得点になりません。

配点
問1～問46 :各1点
問47～問48:各2点

	問題	解答	解説
問1 □□□	二輪車はバランスをとることが大切なので、足先を外側に向け、両ひざはできるだけ開いて運転するとよい。	×	足先を前方に向け、両ひざでタンクを締めるようにして運転します。
問2 □□□	雨降りのときや夜間は視界が悪いので、前車が見えるように、できるだけ接近して運転する。	×	衝突しないように、十分車間距離をあけて走行しなければなりません。
問3 □□□	道路を安全に通行するためには、警音器をできるだけ多く使ったほうがよい。	×	警音器は、指定された場所と危険を防止する場合以外は、むやみに使用してはいけません。
問4 □□□	図の標示内は、通行してもよいが停止してはならない。	○	「停止禁止部分」を表し、その中で停止してはいけません。
問5 □□□	原動機付自転車を押して歩くときは歩行者として扱われるので、エンジンをかけたまま歩道を押して歩いた。	×	歩道を押して歩くときは、エンジンを止めなければなりません。
問6 □□□	信号機の信号に従って停止する場合の停止位置は、停止線が引かれているところではその直前、停止線がない場所では横断歩道や自転車横断帯の1メートル手前で停止する。	×	停止線がない場所でも、横断歩道や自転車横断帯の直前で停止します。

	問題	解答	解説
問7 □□□	交通事故が起きたときは、過失の大きいほうが警察官に届けなければならない。	×	過失の度合いに関係なく、両方とも届けなければなりません。
問8 □□□	車は、道路に面したガソリンスタンドに出入りするため歩道や路側帯(ろそくたい)を横切るとき、歩行者がいるときは直前で一時停止しなければならないが、歩行者がいないときは徐行して通過できる。	×	歩行者がいないときでも、直前で一時停止しなければなりません。
問9 □□□	図の信号のある交差点では、車は徐行して進行しなければならない。 黄	×	車は、停止位置から先へ進んではいけません。ただし、停止位置に近づいていて安全に停止できないときは、そのまま進行できます。
問10 □□□	カーブの半径が大きいほど、遠心力は大きくなる。	×	遠心力は、カーブの半径が小さいほど大きくなります。
問11 □□□	見通しの悪い交差点でも、優先道路を走行しているときは、徐行しなくてもよい。	○	見通しの悪い交差点でも、優先道路を走行しているときは、特に徐行の必要はありません。
問12 □□□	「身体障害者標識」や「聴覚障害者標識」をつけている車を追い越したり追い抜いたりすることは、禁止されている。	×	幅寄せや割り込みが禁止で、追い越しや追い抜きは禁止されていません。
問13 □□□	図の標示は、「特例特定小型原動機付自転車・普通自転車歩道通行可」であることを表している。 	○	特例特定小型原動機付自転車と普通自転車が歩道を通行することができることを表しています。
問14 □□□	交通状況や路面の状態に関係なく、車は道路の中央から右側部分にはみ出してはならない。	 ×	状況や路面の状態に応じて、右側部分にはみ出して通行できます。

	問題	解答	解説
問15 □□□	踏切で警報機が鳴っていたが、遮断機が降りていなかったので、急いで通過した。	×	警報機が鳴っているときは、踏切に入ってはいけません。
問16 □□□	二輪車はその特性上、速度が下がるほど安定性が悪くなるので、雪道などでの運転はなるべく避けたほうがよい。	○	雪道での運転は危険を伴うので、なるべく避けるようにします。
問17 □□□	自動車は歩行者用道路を通行できないが、軽車両(けいしゃりょう)や原動機付自転車は通行できる。	×	歩行者用道路は、特に通行を認められた車しか通行できません。
問18 □□□	図のような手による合図は、徐行か停止の合図である。	○	腕を斜め下に伸ばす合図は、徐行か停止をすることを表しています。
問19 □□□	大地震が起きた場合は、できるだけ安全な方法で停止して、エンジンを止める。	○	急ブレーキなどは避け、できるだけ安全な方法で停止します。
問20 □□□	ハンドルやブレーキが故障している車は、注意しながら徐行して運転しなければならない。	×	ハンドルやブレーキが故障している車は、修理しなければ運転してはいけません。
問21 □□□	交差点で対面する信号が赤色の点滅を表示しているときは、必ず停止位置で一時停止して安全を確かめる。	○	赤色の点滅を表示しているときは、停止位置で一時停止して安全を確かめなければなりません。
問22 □□□	図の標識のある通行帯を通行中の原動機付自転車は、路線バスが後方から接近してきたら、その通行帯から出なければならない。	×	路線バス等優先通行帯を通行中の原動機付自転車は、その通行帯から出る必要はなく、左側に寄ります。

	問題	解答	解説
問23 □□□	二輪車のブレーキ操作は、ハンドルを切らないで体をまっすぐにして前後のブレーキを同時にかける。	○	二輪車のブレーキ操作は、設問のように行います。
問24 □□□	一般道路における原動機付自転車の法定最高速度は、時速30キロメートルである。	○	原動機付自転車の法定最高速度は、時速30キロメートルです。
問25 □□□	身体障害者用の車いすで通行している人は、歩行者に含まれない。	×	身体障害者用の車いすで通行している人は、歩行者に含まれます。
問26 □□□	長距離運転するときは、自分に合った運転計画を立て、あらかじめ所要時間や休憩場所についても計画に入れておく。	○	自分に合った運転計画を立てることが大切です。
問27 □□□	図の標識のある道路では、車は通行できないが、歩行者は通行することができる。 通行止	×	「通行止め」の標識で、歩行者、遠隔操作型小型車、車、路面電車のすべてが通行できません。
問28 □□□	二輪車を運転するときは、げたやサンダルをはいて運転してはならない。	○	げたやサンダルなどをはいて、二輪車を運転してはいけません。
問29 □□□	二輪車を運転する場合、前輪ブレーキは後輪ブレーキに比べて効きが悪いので、通常は後輪ブレーキを主に使い、前輪ブレーキは緊急時にのみ使う。	×	前輪ブレーキのほうがよく効き、前後輪を同時にかけるようにします。
問30 □□□	原動機付自転車を追い越している普通自動車を追い越す行為は、二重追い越しにはならない。	○	原動機付自転車を追い越している普通自動車を追い越す行為は、二重追い越しにはなりません。

問題	解答	解説
問31 □□□ 交差点の手前30メートル以内の場所では、優先道路を通行している場合であっても、追い越しが禁止されている。	×	優先道路を通行している場合は、例外として追い越しをすることができます。
問32 □□□ 図の手による合図は、右折か転回（てんかい）、または右に進路変更するときの合図である。	○	図の手による合図は、右折か転回、または右に進路変更するときの合図です。
問33 □□□ 二輪車でツーリングするときは、初心者や未経験者はグループの先頭に配置したほうがよい。	×	ベテランを先頭と最後尾に配置し、初心者や未経験者は間に配置します。
問34 □□□ 標識、標示によって一時停止が指定されている交差点で、ほかの車などがなく、特に危険がない場合は、一時停止する必要はない。	×	標識などで指定されている場合は、必ず一時停止しなければなりません。
問35 □□□ 遮断機のある踏切で遮断機が上っているときは、徐行して通過してもよい。	×	遮断機が上っていても、一時停止して安全を確かめなければなりません。
問36 □□□ 図の標識のある区間内の見通しのきかない交差点や道路の曲がり角、上り坂の頂上を通行するときは、警音器を鳴らさなければならない。	○	警笛区間内の設問のような場所では、警音器を鳴らさなければなりません。
問37 □□□ 原動機付自転車に乗るときは、工事用安全帽であっても、必ずかぶって運転しなければならない。	×	工事用安全帽は、乗車用ヘルメットではありません。
問38 □□□ 原動機付自転車の所有者は、強制保険に加入していれば、任意保険にまで加入する必要はない。	×	万一のことを考え、任意保険に加入しておくほうが安心です。

	問題	解答	解説
問39 □□□	追い越しをするときは、まず右側に寄りながら右側の方向指示器を出し、次に後方の安全を確かめるのがよい。	×	まず安全を確かめてから合図を出し、もう一度安全確認してから進路変更します。
問40 □□□	図の標示は、道路の右側部分にはみ出して通行してもよいことを示している。	○	「右側通行」の標示で、道路の中央から右側部分を通行できることを示しています。
問41 □□□	右折するときはあらかじめ道路の中央に寄らなければならないので、車両通行帯の境界線が黄色で区画されている場合であっても、中央に進路を変えてもよい。	×	設問の場合は、右折のためであっても進路変更をしてはいけません。
問42 □□□	自動車や原動機付自転車を運転するには、運転免許証に記載されている条件（眼鏡等使用など）を守らなければならない。	○	運転免許証に記載されている条件を守って運転しなければなりません。
問43 □□□	「歩行者がいるとは思わなかった」「対向車がくるとは思わなかった」「右から車がくるとは思わなかった」と言い訳をするような事故は、死角に潜んでいる危険を予測しなかったためである。	○	「ひょっとしたら～かもしれない」と危険を予測する必要があります。
問44 □□□	図の標示のあるところに車を止め、5分以内で荷物の積みおろしを行った。	○	「駐車禁止」を表します。駐車は禁止ですが、停車は禁止されていません。5分以内の荷物の積みおろしは停車に該当します。
問45 □□□	エンジンブレーキは、高速ギアよりも低速ギアのほうが効きがよい。	○	エンジンブレーキは、低速ギアになるほど効きがよくなります。
問46 □□□	霧のときは、危険を防止するため、必要に応じて警音器を使うようにする。	○	霧のときは、必要に応じて警音器を使います。

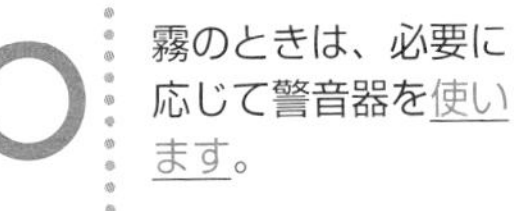

問題　解答　解説

問47

時速20キロメートルで進行しています。対向車線の車が渋滞のため止まっているときは、どのようなことに注意して運転しますか？

(1) □□□

対向の二輪車は右折の合図を出しているが、自分の車より先に右折することはないと思われるので、そのまま進行する。

対向の二輪車は、突然右折するおそれがあります。

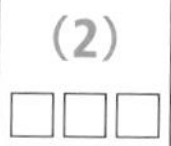

(2) □□□

対向車の間から歩行者や自転車が出てくるかもしれないので、注意して進行する。

歩行者や自転車にも注意しながら進行します。

(3) □□□

左側の二輪車は、自分の車に気づいていると思われるので、そのまま進行する。

左側の二輪車が自車の前方に出てくるおそれがあります。

問48

時速30キロメートルで進行しています。駐車しているトラックにさしかかったときは、どのようなことに注意して運転しますか？

(1) □□□

トラックのかげの歩行者は車道を横断するおそれがあるので、ブレーキを数回に分けて踏み、後続の車に注意を促し、いつでも止まれるように減速する。

速度を落とし、急な飛び出しに備えます。

(2) □□□

左の路地から車が出てくるかもしれないので、中央線寄りを進行する。

中央へ寄ると歩行者と接触するおそれがあります。

(3) □□□

トラックのかげの歩行者はこちらを見ており、車道を横断することはないので、このままの速度で進行する。

歩行者が急に飛び出してくるおそれがあります。

第2回 模擬テスト

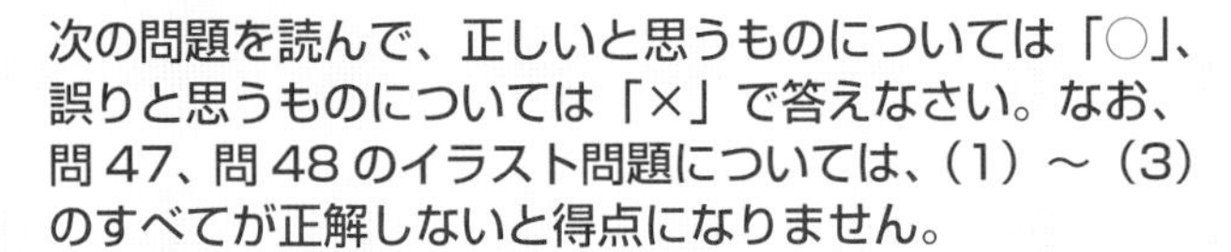
次の問題を読んで、正しいと思うものについては「○」、誤りと思うものについては「×」で答えなさい。なお、問47、問48のイラスト問題については、（1）～（3）のすべてが正解しないと得点になりません。

配点
問1～問46 :各1点
問47～問48:各2点

	問題	解答	解説
問1 □□□	原動機付自転車を運転する人は、万が一に備えて任意保険に加入すべきである。	○	万が一のことを考え、任意保険にも加入するようにしましょう。
問2 □□□	総排気量90ccの二輪車は、原付免許で運転することができる。	×	総排気量90ccの二輪車を運転するには、普通二輪免許が必要です。
問3 □□□	図の標識がある通行帯では、指定されている以外の車は通行できない。（標識：専用）	×	バス専用通行帯は、軽車両、原動機付自転車、小型特殊自動車も通行できます。
問4 □□□	二輪車でカーブを曲がるときは、車体をカーブの外側に傾ける。	×	二輪車でカーブを曲がるときは、車体をカーブの内側に傾けます。
問5 □□□	同じ距離であっても、小型車は近く、大型車は遠くに感じ、同じ速度で走っていても、夜間は昼間より速く感じやすい。	×	小型車は遠く、大型車は近く感じ、夜間は昼間より遅く感じます。
問6 □□□	二輪車を運転してカーブを曲がるときは、身体を傾けると転倒のおそれがあるので、身体はまっすぐに保ってハンドルを操作するのがよい。	×	二輪車は、車体を傾けることによって自然に曲がるようにします。

問題		解答	解説
問7 □□□	運転免許の停止処分を受けた者がその停止期間中に運転すると無免許運転になる。	○	免許の停止処分中に運転すると、無免許運転になります。
問8 □□□	交差点で警察官が図のような手信号をしているときは、身体に平行する方向の交通は、黄色の灯火と同じである。	○	警察官の身体に平行する方向の交通については、黄色の灯火信号と同じ意味を表します。
問9 □□□	原動機付自転車を運転するときは、自分本位でなく歩行者やほかの運転者の立場も尊重し、譲り合いと思いやりの気持ちを持つことが大切である。	○	自分本位の運転は、交通事故の原因になります。
問10 □□□	原動機付自転車はほかの車から見えにくいので、車両通行帯のあるところでは、2つの通行帯にまたがって進路を変えながら通行したほうが安全である。	×	原動機付自転車でも、2つの通行帯にまたがって通行してはいけません。
問11 □□□	違法に駐車している車の運転者は、警察官や交通巡視員から、その移動を命じられることがある。	○	警察官や交通巡視員から指示があった場合には、すみやかに車を移動しなければなりません。
問12 □□□	図の標識のあるところでは、歩行者は道路を横断してはいけない。（通行止）	×	「歩行者等通行止め」の標識です。歩行者等の横断禁止ではなく、歩行者等の通行が禁止されています。
問13 □□□	運転中に大地震が発生したときは、なるべく車を使用して遠くへ避難する。	×	大地震が発生したときは、やむを得ない場合を除き車を使用して避難してはいけません。
問14 □□□	免許の区分は、大きく分けると、第一種免許、第二種免許、原付免許の3つに分けられる。	×	運転免許は、第一種免許、第二種免許、仮免許の3つに区分されます。

問題		解答	解説
問15 □□□	二輪車のマフラーを取り外して運転しても走行には影響しないので、そのような改造をして二輪車を運転した。	×	マフラーを取り外すと騒音が大きくなり、他人に迷惑をかけることになるので、改造車を運転してはいけません。
問16 □□□	バスの停留所の標示板（柱）から30メートル以内の場所は、追い越しが禁止されている。	×	設問の場所は、追い越しが禁止されていません。
問17 □□□	図の標識は、「特定小型原動機付自転車・自転車専用」の標識であり、歩行者は通行できない。	○	特定小型原動機付自転車と普通自転車は通行できません。
問18 □□□	原動機付自転車でブレーキをかけるときは、前輪ブレーキは危険であるからあまり使わず、主として後輪ブレーキを使うのがよい。	×	二輪車は、前後輪ブレーキを同時にかけるようにします。
問19 □□□	交通事故を起こすと、本人だけでなく家族にも経済的損失と精神的苦痛など、大きな負担がかかることになる。	○	交通事故を起こすと、本人や家族に大きな負担がかかることになります。
問20 □□□	車両通行帯が黄色の線で区画されているところでは、緊急自動車が接近してきたときであっても、黄色の線を越えて進路を変更してはならない。	×	緊急自動車に進路を譲るときは、黄色の線を越えて進路を変えてもかまいません。
問21 □□□	交通整理中の警察官や交通巡視員の手信号が、信号機の信号と異なるときは、信号機の信号に従う。	×	信号機の信号と手信号が異なるときは、警察官や交通巡視員の手信号に従わなければなりません。
問22 □□□	図の標識は、原動機付自転車が二段階の方法で右折しなければならないことを表している。（標識：原付）	○	「一般原動機付自転車の右折方法（二段階）」の標識です。

問題		解答	解説
問23 □□□	二輪車は、身体で安定を保ちながら走り、停止すれば安定を失うという構造上の特性があり、これが四輪車と根本的に違うところである。	○	二輪車の構造上の特性を考えて運転することが大切です。
問24 □□□	一方通行路以外の交差点で右折しようとするときは、交差点の中心のすぐ外側を徐行する。	×	交差点の中心のすぐ外側ではなく、すぐ内側を徐行します。
問25 □□□	二輪車を運転するときの服装は、身体の露出が多いと疲労しやすく、転倒したときの被害が大きくなるので、身体の露出が少ないもののほうがよい。	○	疲労や転倒時の被害の軽減を考え、身体の露出の少ない服装をします。
問26 □□□	自動車は一方通行の道路を逆方向に進むことはできないが、原動機付自転車は車体が小さいので逆方向に進むことができる。	×	原動機付自転車であっても、一方通行の道路を逆行してはいけません。
問27 □□□	原動機付自転車を運転中、図の標識のあるところで右折した。	○	「転回禁止」を表します。車は転回（Uターン）してはいけませんが、右折はすることができます。
問28 □□□	二輪車のタイヤの点検は、空気圧、亀裂やすり減り、溝の深さに不足がないかなどについて行う。	○	設問のような点検をしてから運転します。
問29 □□□	安全速度とは、常に法定速度で走行することである。	×	安全速度は、道路の交通状況、天候や視界などを考えた速度です。
問30 □□□	対向車によってできる死角は、対向車が接近するほど大きくなる。	○	対向車が接近するほどその後ろは見えなくなり、死角が多くなります。

	問題	解答	解説
問31 □□□	車の停止距離は速度や積み荷の重さによって変わるが、道路の状態には特に関係がない。	×	雨の日や滑りやすい路面では、停止距離が長くなります。
問32 □□□	図の標示は、「横断歩道または自転車横断帯あり」を表している。	○	前方に横断歩道または自転車横断帯があることを表しています。
問33 □□□	昼間であっても、50メートル先が見えないときは、ライトをつけなければならない。	○	設問のような場合は、昼間でもライトをつけなければなりません。
問34 □□□	少量の酒を飲んだが、酔わない自信があったので、慎重に運転した。	×	たとえ少量でも酒を飲んだら、車を運転してはいけません。
問35 □□□	正面の信号が「赤色の灯火」と「黄色の灯火の矢印」を示しているとき、自動車は黄色の矢印の方向に進んでもよい。	×	黄色の矢印信号は路面電車用の信号なので、自動車は進めません。
問36 □□□	図の標識のあるところでは、道路の中央から右側部分にはみ出しての追い越しをしてはならない。	○	道路の中央から右側部分にはみ出しての追い越しを禁止する標識です。
問37 □□□	山道での行き違いは、上りの車が下りの車に道を譲るようにする。	×	発進が楽な下りの車が、上りの車に進路を譲るようにします。
問38 □□□	原動機付自転車を運転中、四輪車から見える位置にいれば、四輪車から見落とされることはない。	×	四輪車のドライバーが気づかなければ、見落とされることがあります。

	問題	解答	解説
問39 □□□	スマートフォンなどの携帯電話は、運転する前に電源を切るかドライブモードに設定して、呼び出し音が鳴らないようにしておく。	○	運転に集中できなくなるので、あらかじめ電源を切るか呼び出し音が鳴らないようにしておきます。
問40 □□□	図の標識のあるところは、この先で道路工事をしているため通行できない。	×	「道路工事中」を表します。この先で道路工事をしていますが、通行することはできます。
問41 □□□	運転者が危険を感じてからブレーキをかけ、ブレーキが効き始めるまでに走る距離を制動距離という。	×	制動距離ではなく、空走距離といいます。
問42 □□□	雪道では、車の通った跡（わだち）を走るのは危険なので、避けて通るようにする。	×	落輪を防止するためにも、車の通った跡（わだち）を走ったほうが安全です。
問43 □□□	中央線のある片側1車線の道路を、「車両通行帯のある道路」という。	×	片側に2車線以上の通行帯がある道路を、「車両通行帯のある道路」といいます。「車線」や「レーン」とも呼ばれています。
問44 □□□	図の標識をつけて走っている自動車に対しては、危険防止のためやむを得ない場合を除き、その車に幅寄せをしたり、その車の前方に進路変更をしてはならない。	○	図は初心者マークで、図の標識をつけた自動車への割り込みや幅寄せは禁止されています。
問45 □□□	交差点に先に入っていれば、対向する直進車や左折車よりも優先して右折できる。	×	右折車が先に交差点に入っていても、直進車や左折車の進行を妨げてはいけません。
問46 □□□	夜間、見通しの悪い交差点や曲がり角付近では、前照灯を上向きにしたり点滅させたりしてほかの車や歩行者に接近を知らせれば、徐行する必要はない。	×	見通しの悪い交差点や曲がり角付近では、徐行しなければなりません。

問47 時速20キロメートルで進行しています。どのようなことに注意して運転しますか？

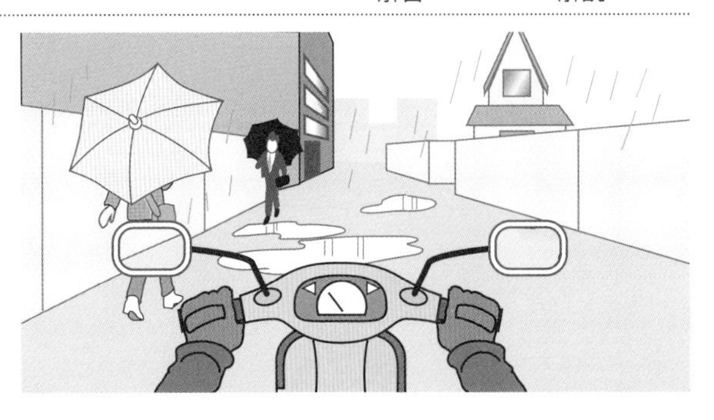

	問題	解答	解説
(1) □□□	路面に水がたまり、歩行者がこれを避けて自分の車の前に出てくるかもしれないので、速度を落とし、歩行者の動きに注意して進行する。	○	歩行者が自車の前に出てくるおそれがあります。
(2) □□□	歩行者は、自分の車の接近に気づいていると思うので、そのままの速度で進行する。	×	自車の接近に気づいているとは限りません。
(3) □□□	路面に水がたまり、歩行者に雨水をはねて迷惑をかけるかもしれないので、速度を落として進行する。	○	雨水をはねないように、速度を落とします。

問48 時速20キロメートルで進行しています。歩行者用信号が青の点滅をしている交差点を左折するときは、どのようなことに注意して運転しますか？

	問題	解答	解説
(1) □□□	歩行者や自転車が無理に横断するかもしれないので、その前に左折する。	×	歩行者や自転車の横断を妨げてはいけません。
(2) □□□	後続の車も左折であり、信号が変わる前に左折するため自分の車との車間距離をつめてくるかもしれないので、すばやく左折する。	×	歩行者や自転車が横断するおそれがあります。
(3) □□□	横断歩道の手前で急に止まると、後続の車に追突されるおそれがあるので、ブレーキを数回に分けて踏みながら減速する。	○	後続車に注意しながら減速します。

第3回
模擬テスト

次の問題を読んで、正しいと思うものについては「○」、誤りと思うものについては「×」で答えなさい。なお、問47、問48のイラスト問題については、(1)～(3)のすべてが正解しないと得点になりません。

配点
問1～問46 :各1点
問47～問48:各2点

	問題	解答	解説
問1 □□□	二輪車に乗るときのヘルメットは、PS(C)（ピーエスシー）マークかＪＩＳ（ジス）マークのついた安全なものを選ぶとよい。	○	PS(C)マークかＪＩＳマークのついた安全なもので、自分の頭の大きさに合ったものを選びます。
問2 □□□	見通しのよい踏切を通過するときは、踏切の直前（停止線があるときは、その直前）で一時停止する必要はなく、徐行しながら安全を確かめればよい。	×	見通しに関係なく、踏切の直前で一時停止しなければなりません。
問3 □□□	カーブを通行するときは、その手前の直線部分でスピードを落としてゆっくりとカーブに入り、カーブを回り終わる少し手前から徐々に加速するとよい。	○	カーブを通行するときは設問のようにし、カーブを通行中にブレーキをかけないですむようにします。
問4 □□□	図の標識があるところで、車は転回してもよい。	○	「車両横断禁止」の標識がある場所では、転回は特に禁止されていません。
問5 □□□	交通事故で頭を強く打って気を失っている人がいるときは、むやみに動かしてはならない。	○	頭部に損傷を受けているときは、むやみに動かしてはいけません。
問6 □□□	図の点滅信号のある交差点では、車や路面電車は停止位置で一時停止して安全を確認してから進行するが、歩行者はほかの交通に注意しながら進行できる。（図：赤）	○	車や路面電車は必ず一時停止しますが、歩行者はその必要はなく、ほかの交通に注意して進行できます。

問題		解答	解説
問7 □□□	車は、道路状態やほかの交通に関係なく、道路の中央から右の部分にはみ出して通行してはならない。	×	工事など左側部分を通行できないときなどは、はみ出して通行できます。
問8 □□□	原動機付自転車を降りて押して歩く場合は、エンジンをかけたままであっても、歩道や横断歩道を通行することができる。	×	エンジンを切って押して歩かなければ、歩道などは通行できません。
問9 □□□	夜間、警察官が交差点で南北の方向に灯火を振っているとき、東西の方向に走行する自動車は、直進、右折、左折することができる。	×	警察官に対面する方向なので赤信号と同じ意味です。自動車は進んではいけません。
問10 □□□	原動機付自転車が、歩行者が通行していない路側帯を通行した。	×	歩行者の有無に関係なく、路側帯を通行してはいけません。
問11 □□□	0.75メートルを超える白色1本線の路側帯の設けられている場所で駐停車するときは、左側に0.75メートル以上の余地をとれば、路側帯の中へ入って駐停車することができる。	○	設問のような路側帯では、中に入って駐停車できます。
問12 □□□	図の標示は「横断歩道」を表し、歩行者が道路を横断するための場所であることを示している。	○	「横断歩道」の標示です。歩行者が道路を横断するための場所であることを示しています。
問13 □□□	車を運転中に大地震が発生したときは、道路に車を放置して避難するとほかの交通の妨げになるので、車を運転したまま道路外の安全な場所に避難するのがよい。	×	大地震が発生したときは、やむを得ない場合を除き、車で避難してはいけません。
問14 □□□	トンネルの出入り口付近では、必ず徐行しなければならない。	×	トンネルの出入り口付近で徐行しなければならないという規則はありません。

	問題	解答	解説
問15 □□□	進路変更が終了していても、しばらくの間は方向指示器（ほうこうしじき）による合図を続けたほうがよい。	×	進路変更が終了したら、ただちに合図を止めなければなりません。
問16 □□□	図の手による合図は、後退するときの合図である。	×	図の手による合図は、徐行か停止するときの合図です。
問17 □□□	ミニカーは、原付免許で運転することができる。	×	ミニカーは普通自動車になるので、原付免許では運転できません。
問18 □□□	踏切とその端から前後10メートル以内は駐停車禁止であるが、人の乗り降りのためであれば停止できる。	×	設問の場所では、たとえ人の乗り降りのためでも停止できません。
問19 □□□	二輪車はバランスをとることが大切なので、足先を外側に向け、両ひざはできるだけ開いて運転するとよい。	×	足先を前方に向け、両ひざでタンクを締めるようにして運転します。
問20 □□□	交差点に入る直前で前方の信号が青色から黄色に変わったが、後ろに車が続いていて急ブレーキをかけると追突されるおそれがあったので、停止せずにそのまま進んだ。	○	停止位置で安全に停止できないときは、そのまま進行できます。
問21 □□□	図の標識のある道路では、自動車と原動機付自転車は時速50キロメートル以下の速度で通行しなければならない。 50	×	自動車は時速50キロメートル、原動機付自転車は時速30キロメートル以下の速度で通行します。
問22 □□□	二輪車のマフラーの破損は、騒音の発生の原因になる。	○	マフラーの破損は騒音の原因になるので、そのような二輪車は運転してはいけません。

	問題	解答	解説
問23 □□□	一方通行の道路から右折するときは、できるだけ道路の右端に寄り、交差点の中心の内側を徐行する。	○	一方通行の道路では、できるだけ道路の右端に寄り、交差点の中心の内側を徐行しながら右折します。
問24 □□□	明るいところから急に暗いところに入ると、しばらく何も見えずに、やがて少しずつ見えるようになるが、これを「暗順応」という。	○	明るいところから暗いところに目が順応することを「暗順応」といいます。
問25 □□□	図の標示は、標示のある道路が優先道路であることを表している。	×	「前方優先道路」の標示で、交差する前方の道路が優先道路であることを表しています。
問26 □□□	原動機付自転車を運転するときは、運転操作に支障がなく活動しやすい服装をして、げたやハイヒールをはいて運転してはいけない。	○	活動しやすい服装をして、げたやハイヒールをはいて運転してはいけません。
問27 □□□	二輪車を運転中、ギアをいきなり高速からローに入れると、エンジンを傷めたり転倒したりするので、減速するときは、順序よくシフトダウンするようにする。	○	減速するときは、順序よくシフトダウンするようにします。
問28 □□□	信号機のある交差点で停止線のないときの停止位置は、信号機の直前である。	×	信号機の直前ではなく、交差点の直前が停止位置です。
問29 □□□	図の標示のあるところでは、Aの通行帯からBの通行帯へ進路を変えてはならない。	×	黄色の線のあるBの通行帯からの進路変更は禁止されていますが、Aの通行帯からの進路変更は禁止されていません。
問30 □□□	二輪車で四輪車の側方を通行しているときは、四輪車の死角に入り、四輪ドライバーに存在を気づかれていないことがあるので、注意が必要である。	○	二輪の運転者は、四輪車には十分注意が必要です。

問題	解答	解説
問31 □□□ ブレーキをかけたときのタイヤのスリップの跡は、空走距離には関係がない。	○	空走距離はブレーキをかけていない距離なので、スリップの跡とは関係がありません。
問32 □□□ 車が左折しようとするときは、あらかじめできるだけ道路の左端に寄り、交差点の側端を徐行しなければならない。	○	左折するときは、あらかじめできるだけ道路の左端に寄り、交差点の側端を徐行しながら通行します。
問33 □□□ 交差点で交通巡視員が灯火を頭上に上げているとき、その交通巡視員の正面の交通は、赤信号と同じと考えてよい。	○	交通巡視員に対面する方向の交通は、赤色の灯火信号と同じ意味を表します。
問34 □□□ 図の標識のあるところでは、車両の通行が禁止されているが、自転車であれば通行できる。	×	「車両通行止め」を表します。自転車も車両に含まれるので、通行してはいけません。
問35 □□□ 原動機付自転車の運転は、手首を下げ、ハンドルを前に押すような気持ちでグリップを握るとよい。	○	原動機付自転車のグリップは、設問のように握ります。
問36 □□□ 原動機付自転車の所有者は、強制保険に加入していれば、任意保険にまで加入する必要はまったくない。	×	万が一のことを考え、任意保険にも加入する必要があります。
問37 □□□ 信号機の青色の灯火は「進め」なので、前方の交通に関係なく、すぐに発進しなければならない。	×	渋滞していて交差点内で止まるおそれがある場合は、信号機が青色の灯火でも進んではいけません。
問38 □□□ 横断歩道や自転車横断帯とその手前から30メートル以内の場所は、追い越しが禁止されている。	○	設問の場所は、追い越し禁止場所として指定されています。

	問題	解答	解説
問39 □□□	図の標示板のある交差点では、車は前方の信号が黄色や赤色であっても、左折することができる。	○	「左折可」の標示板です。信号が黄色や赤色でも左折することができます。
問40 □□□	右折や左折などの合図は、その行為が終わるまで続けなければならない。	○	右左折などの合図は、その行為が終わるまで継続しなければなりません。
問41 □□□	深い水たまりを通ると、ブレーキに水が入って、一時的にブレーキの効きがよくなる。	×	ブレーキに水が入ると、一時的にブレーキが効かなくなることがあります。
問42 □□□	自分で「酔っていない」と思う程度の少量なら、酒を飲んで運転してもよい。	×	たとえ少量でも、酒を飲んだときは運転してはいけません。
問43 □□□	後輪が右に横滑りを始めたときは、アクセルを緩めると同時に、ハンドルを右に切って車体を立て直す。	○	後輪が滑った方向にハンドルを切って、車の向きを立て直します。
問44 □□□	図の標示のあるところでは、自動車や原動機付自転車は、この指定された通行区分に従って通行しなければならない。	○	「進行方向別通行区分」の標示です。自動車や原動機付自転車は、この指定された通行区分に従って通行しなければなりません。
問45 □□□	後車に追い越されているときは、追い越しが終わるまで速度を上げてはならない。	○	追い越しが終わるまで、速度を上げてはいけません。
問46 □□□	霧の中を走行するときは、見通しをよくするため、前照灯を上向きにしたほうがよい。	×	前照灯を上向きにすると、光が乱反射してかえって見通しが悪くなります。

問題　解答　解説

問47 左折のため時速20キロメートルまで減速しました。どのようなことに注意して運転しますか？

	問題	解答	解説
(1) □□□	左側の横断歩道では、歩行者が交差点の両側から横断しているので、その妨げにならないように横断歩道の中央付近を左折する。		道路の左端に沿って左折しなければなりません。
(2) □□□	横断歩道を歩行者が横断しているので、安心して横断させるため、ゆっくりと横断歩道に近づき、その手前で止まり、歩行者が横断するのを待つ。		歩行者の横断が終わってから左折します。
(3) □□□	対向車は、自分の車が左折する前に右折を始めるかもしれないので、加速して横断している人の間を早めに左折する。		対向車や歩行者と衝突するおそれがあります。

問48 前方の工事現場の側方を対向車が直進してきます。どのようなことに注意して運転しますか？

	問題	解答	解説
(1) □□□	対向車がきているので、工事している場所の手前で一時停止し、対向車が通過してから発進する。		一時停止して、対向車を先に通過させます。
(2) □□□	工事している場所から急に人が飛び出してくるかもしれないので、注意しながら走行する。		工事中の人の行動に注意して進行します。
(3) □□□	急に止まると、後ろの車に追突されるかもしれないので、ブレーキは数回に分けて踏み、停止の合図をする。		後続車からの追突に注意して停止します。

第4回
模擬テスト

次の問題を読んで、正しいと思うものについては「○」、誤りと思うものについては「×」で答えなさい。なお、問47、問48のイラスト問題については、（1）～（3）のすべてが正解しないと得点になりません。

配点
問1～問46 :各1点
問47～問48:各2点

	問題	解答	解説
問1 □□□	自動車や原動機付自転車を運転するときは、運転免許証は家に大切に保管し、そのコピーを携帯するとよい。	×	コピーではなく、運転免許証を携帯しなければなりません。
問2 □□□	交通事故で負傷者がいる場合は、医師や救急車が到着するまでの間、ガーゼや清潔なハンカチで止血するなど可能な応急処置を行う。	○	負傷者がいる場合は、可能な応急救護処置を行います。
問3 □□□	バス停の標示板（柱）から10メートル以内の場所は、バスの運行時間中に限り、駐停車することができない。	○	設問の場所は、バスの運行時間中に限って駐停車をしてはいけません。
問4 □□□	図の標示に示されている通行帯の時間帯は、原動機付自転車はこの通行帯を通行できない。（図：バス専用 7-9）	×	バス専用通行帯は、原動機付自転車、小型特殊自動車、軽車両も通行できます。
問5 □□□	二輪車でカーブを曲がるとき、車体を傾けると転倒したり横滑りしやすいので、できるだけ車体を傾けないでハンドルを切るほうが安全である。	×	ハンドルを切るのではなく、車体を傾けて自然に曲がる要領で行います。
問6 □□□	原動機付自転車は、歩道と車道の区別のある広い道路では、車道の左側であれば、どの部分を通行してもよい。	×	どの部分でもよい訳ではなく、原動機付自転車は道路の中央から左の部分の左側に寄って通行します。

問題		解答	解説
問7 □□□	踏切を通過するときは、停止線がなくても、その直前で一時停止して安全を確認しなければならない。	○	踏切を通過するときは、その手前で停止して、安全を確認しなければなりません。
問8 □□□	車庫の出入り口から3メートル以内は駐車してはならないが、その車庫の関係者や本人であれば車庫の前に駐車してもよい。	×	たとえ関係者や本人であっても、駐車してはなりません。
問9 □□□	交差点で警察官が図のような手信号をしているときは、身体に対面する方向の交通は、青色の灯火と同じである。	×	警察官の身体に対面する方向の交通については、赤色の灯火信号と同じ意味を表します。
問10 □□□	黄色の灯火の点滅信号では、車は徐行して進行しなければならない。	×	必ずしも徐行する必要はなく、ほかの交通に注意して進行します。
問11 □□□	二輪車を運転するときの乗車姿勢は、ステップに土踏まずを乗せて足の裏が水平になるようにし、足先はまっすぐ前方に向け、ひじをわずかに曲げる。	○	二輪車は、設問のような乗車姿勢で運転します。
問12 □□□	安全地帯のない路面電車の停留所では、路面電車の後方で一時停止して、乗降客や横断する人がいなくなるのを待たなければならない。	○	停留所で止まっている路面電車の側方を通過するときは、乗降客や横断する人がいなくなるまで、後方で停止して待たなければなりません。
問13 □□□	図の標示は、車が駐車や停車ができない場所であることを表している。	○	黄色の実線のペイントは、駐停車禁止を表します。
問14 □□□	二輪車を選ぶときは、二輪車にまたがったとき、両足のつま先が地面に届かなければ、体格に合った車種とはいえない。	○	両足のつま先が地面に届く二輪車を選びます。

	問題	解答	解説
問15 □□□	踏切の先が混雑しているときは、踏切内に入らないようにする。	○	踏切の中で止まってしまうようなおそれのあるときは、踏切内に進入してはいけません。
問16 □□□	走行中、大地震が発生したので、急ブレーキをかけてその場に停止し、すぐに車から離れた。	×	急ハンドルや急ブレーキは避け、すぐ車から離れず、ラジオ等で情報を聴き、できるだけ道路外に移動します。
問17 □□□	図の標識のあるところでは、原動機付自転車は通行できない。	○	「自動車専用」の標識です。原動機自転車は、通行できません。
問18 □□□	走行中、スマートフォンなどの携帯電話に表示されたメールなどの画像を注視して運転してはならない。	○	運転に集中できなくなり危険なので、画像を注視して運転してはいけません。
問19 □□□	運転中の疲労の影響は、目にもっとも強く現われる。	○	疲労の影響は目にもっとも強く現われ、しだいに見落としや見間違いが多くなります。
問20 □□□	交通規則にないことは、運転者の自由であるから、自分本位の判断で運転すればよい。	×	自分本位の判断で運転しては危険です。
問21 □□□	図の標識があるところでも、荷物の積みおろしのため運転者がすぐに運転できるときは、車の右側の道路上に6メートルの余地がなくても駐車できる。 駐車余地6m	○	「駐車余地6m」の標識です。設問のようなときや、傷病者の救護のためやむを得ないときは、例外として駐車できます。
問22 □□□	坂道では、上りの車が優先なので、近くに待避所があっても下りの車に道を譲る必要はない。	×	待避所に近いほうの車が、その中に入って道を譲ります。

	問題	解答	解説
問23 □□□	二輪車の乗車姿勢は、両ひざを開き、足先が外側を向くようにしたほうがよい。	×	両ひざでタンクを締め（ニーグリップ）、足先はまっすぐ前方に向けます。
問24 □□□	一方通行の道路で緊急自動車が接近してきたときは、必ず道路の左側に寄って進路を譲らなければならない。	×	左側に寄るとかえって妨げとなるときは、右側に寄って進路を譲ります。
問25 □□□	片側ががけの狭い道路ですれ違うときは、がけ側の車が一時停止するほうがよい。	○	危険ながけ側の車が安全な場所に一時停止して道を譲ります。
問26 □□□	図の道路標示は、転回禁止であることを示している。	○	「転回禁止」の標示ですので、転回してはいけません。
問27 □□□	原動機付自転車で長い下り坂を走行するときは、前後輪のブレーキを主として使い、エンジンブレーキは補助的に使って走行するのがよい。	×	長い下り坂ではエンジンブレーキを活用し、前後輪ブレーキは補助的に使用します。
問28 □□□	夜間、二輪車を運転するときは、反射性の衣服または反射材のついた乗車用ヘルメットを着用したほうがよい。	○	ほかの運転者から発見されやすいような服装や装備で運転します。
問29 □□□	こう配（ばい）の急な下り坂は徐行しなければならないが、こう配の急な上り坂は徐行しなくてもよい。	○	こう配の急な下り坂は徐行場所ですが、こう配の急な上り坂は徐行場所として指定されていません。
問30 □□□	図のような道幅が同じ交差点では、右方や左方に関係なく、A車は路面電車の進行を妨げてはならない。	○	右方や左方に関係なく、路面電車が優先です。A車は路面電車の進行を妨げてはいけません。

	問題	解答	解説
問31 □□□	二輪車のエンジンを止めて押して歩く場合でも、歩行者用道路は通行できない。	×	設問のような場合は歩行者と見なされるので、歩行者用道路を通行できます。
問32 □□□	見通しのきかない交差点の手前では、必ず警音器を使用して、周囲に自分の車の存在を知らせなければならない。	×	警音器は、指定された場所と危険を防止する場合以外は、むやみに使用してはいけません。
問33 □□□	前方の信号が青色の灯火のときは、原動機付自転車はすべての交差点において直進、左折、右折をすることができる。	×	二段階の方法で右折する交差点では、原動機付自転車は右折できません。
問34 □□□	図の路側帯のあるところでは、路側帯の中に入って駐停車をしてはならない。	○	駐停車禁止の路側帯なので、中に入って駐停車してはいけません。
問35 □□□	車の右側に3.5メートル以上の余地がない道路で、傷病者の救護のため、10分間車を止めた。	○	傷病者の救護や荷物の積みおろしのためやむを得ない場合は、例外として車を止めることができます。
問36 □□□	対向車と正面衝突しそうになったときは、警音器を鳴らすとともに、最後まであきらめないで、ブレーキとハンドルでかわすようにする。	○	警音器を鳴らし、ブレーキとハンドルでかわすようにします。
問37 □□□	車種を問わず、風で飛散しやすい物を運搬するときは、シートをかけるなどして飛び散らないようにしなければならない。	○	荷物を積むときは、ロープやシートを使って転落や飛散しないようにします。
問38 □□□	免許を持たない人や酒気を帯びた人に、自動車や原動機付自転車の運転を頼んではいけない。	○	運転した本人だけでなく、運転を勧めた人に対しても責任を問われます。

問題		解答	解説
問39 □□□	図の標識のあるところでは、車は左折しかできない。	○	「指定方向外進行禁止」で、図の標識では左折しかできません。
問40 □□□	原動機付自転車を運転するときは、ブレーキをかけたときに身体が前のめりにならないように、正しい乗車姿勢を保つようにする。	○	原動機付自転車を運転するときは、正しい乗車姿勢を保ちます。
問41 □□□	自動車損害賠償責任保険や責任共済は、自動車は加入しなければならないが、原動機付自転車は加入しなくてもよい。	×	原動機付自転車であっても、加入しなければなりません。
問42 □□□	車を追い越そうとするときは、原則として前の車の右側を通行しなければならない。	○	追い越しをするときは、前車の右側を通行するのが原則です。
問43 □□□	図の標識のあるところでは、自動車や原動機付自転車は進入できないが、自転車であれば進入できる。	×	「車両進入禁止」を表します。車両（自転車を含む）は、標識の方向からは進入できません。
問44 □□□	雨の日は、歩行者が足もとに気をとられたり、雨具で視界を妨げられ、車の接近に気がつかないことがあるので、歩行者の動向には十分注意しなければならない。	○	雨の日は、歩行者の動向には十分注意しなければなりません。
問45 □□□	交差点で通行方向別通行区分に従って通行しているときは、緊急自動車が接近してきても、進路を譲らなくてもよい。	×	指定通行区分から出て左に寄り、一時停止して譲らなければなりません。
問46 □□□	夜間、横断歩道付近で対向車と行き違うとき、横断歩行者は見えなかったが、自分の車のライトと対向車のライトで道路の中央付近にいる歩行者が見えなくなることもあるので、速度を落として進行した。	○	設問のような「蒸発現象」に注意して、運転しなければなりません。

問47 踏切の直前を時速5キロメートルで進行しています。踏切を通過するときは、どのようなことに注意して運転しますか？

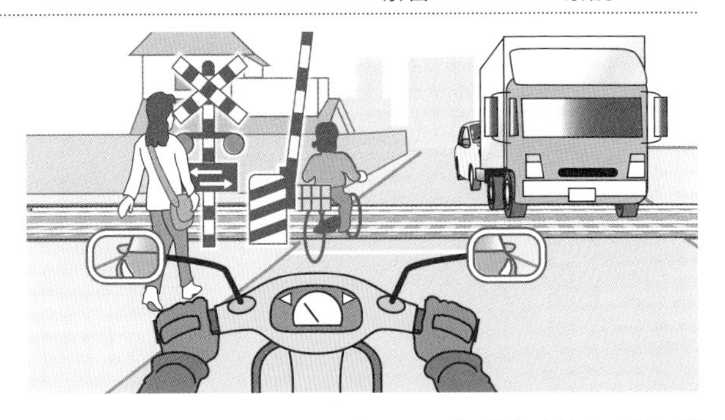

問題	解答	解説
(1) □□□ 歩行者や自転車の横でトラックと行き違うと危険なので、停止位置で停止して、トラックが通過してから発進する。		発進するタイミングを遅らせて、トラックが通過してから発進します。
(2) □□□ 遮断機が上がっていて電車はすぐにはこないと思うので、左右の安全を確かめずに急いで踏切を通過する。		遮断機が上がっていても、左右の安全を確認しなければなりません。
(3) □□□ 歩行者や自転車が進路の前方に出てくるかもしれないので、停止位置で停止して、その動きに注意して進行する。	○	歩行者や自転車が進路の前方に出てくるおそれがあるので、危険を予測します。

問48 時速30キロメートルで進行中、信号が黄色に変わりました。どのようなことに注意して運転しますか？

問題	解答	解説
(1) □□□ 前車は止まらずに交差点を通行すると思うので、このまま前車に続いて進行する。		前車が急停止して、追突するおそれがあります。
(2) □□□ 前車が急に止まるかもしれないので、前車を追い越して交差点を通過する。		黄色信号なので、交差点を通過してはいけません。
(3) □□□ 前車が急に止まるかもしれないので、速度を落として停止する。	○	前車が急に止まることを予測して、速度を落として停止します。

第5回

模擬テスト

次の問題を読んで、正しいと思うものについては「○」、誤りと思うものについては「×」で答えなさい。なお、問 47、問 48 のイラスト問題については、(1) ～ (3) のすべてが正解しないと得点になりません。

問1～問46 :各1点
問47～問48:各2点

	問題	解答	解説
問1 □□□	交通事故の責任は、事故を起こした運転者だけにあって、車を貸した者にはその責任がない。	×	車を貸した者が責任を問われる場合もあります。
問2 □□□	トンネルの中は、車両通行帯の有無に関係なく、追い越しが禁止されている。	×	トンネルの中は、車両通行帯のないときに限って追い越し禁止です。
問3 □□□	スーパーマーケットの駐車場に入るとき、誘導員の合図があったので、徐行して歩道を横切った。	×	歩道を横切るときは、必ずその直前で一時停止しなければなりません。
問4 □□□	図の標識があるところでは、原動機付自転車は自動車と同じ方法で右折しなければならない。	○	「一般原動機付自転車の右折方法(小回り)」を表します。ほかの自動車と同じように、あらかじめ道路の中央に寄り、右折しなければなりません。
問5 □□□	原動機付自転車の荷台には、60キログラムの重さの荷物を積んで運転してはならない。	○	原動機付自転車に積載できる重量制限は、30キログラムまでです。
問6 □□□	原動機付自転車で走行中パンクしたときは、危険なので急ブレーキをかけるとよい。	×	急ブレーキを避け、徐々に速度を落とします。

問題		解答	解説
問7 □□□	原動機付自転車とは、エンジンの総排気量が50cc以下の二輪のものをいい、三輪のものは原動機付自転車ではない。	×	三輪の原動機付自転車もあります。ピザ屋の宅配便などに使用され、スリーターと呼ばれています。
問8 □□□	車は急には止まれないので、つねに空走距離や制動距離を考えた速度で運転するようにする。	○	空走距離や制動距離を考えた速度で運転することが、安全運転につながります。
問9 □□□	図の信号のある交差点では、自動車や原動機付自転車は、矢印の方向に進むことができる。 青	×	二段階の方法で右折する原動機付自転車は、進むことができません。
問10 □□□	運転者は、交通規則を守っていれば、ほかの交通利用者のことまで考える必要はない。	×	ほかの交通利用者の立場も考えて、譲り合う気持ちが大切です。
問11 □□□	原動機付自転車で交差点を直進するときは、前方の四輪車が急に左折するかもしれないので、接触したり巻き込まれないように四輪車の動向に十分注意する。	○	原動機付自転車は、四輪車の接触や巻き込まれに十分注意しなければなりません。
問12 □□□	二輪車は手軽な乗り物であるから、半そでのシャツや半ズボンなどの軽装で運転したほうがよい。	×	身体の露出がなるべく少なくなるような服装で運転します。
問13 □□□	10分以内の荷物の積みおろしや人の乗り降りのための停止は、駐車には該当しない。	×	5分を超える荷物の積みおろしのための停止は、駐車に該当します。
問14 □□□	図の標示は、路面電車の停留所であることを表している。	×	「安全地帯」の標示です。路面電車の停留所は、これとは別の標示があります。

	問題	解答	解説
問15 □□□	車とは、自動車と原動機付自転車のことをいい、軽車両は含まれない。	×	軽車両（自転車や荷車など）も車に含まれます。
問16 □□□	雨天時に道路を通行するときは、滑りやすいので空気圧は低くしたほうがよい。	×	雨天のときでも、空気圧は低すぎても高すぎてもいけません。
問17 □□□	正面の信号が黄色の灯火のときは、ほかの交通に注意しながら進むことができる。	×	安全に停止できないとき以外は、停止位置から先へ進んではいけません。
問18 □□□	図の手による合図は、転回するときの合図である。	×	図の手による合図は、後退するときの合図です。
問19 □□□	走行中、右にハンドルを切ると、車には左に飛び出そうとする力が働く。	○	右にハンドルを切ると、車には左に飛び出そうとする力が働きます。
問20 □□□	交通事故を起こしたときは、原因はともかく、まず車を止めて負傷者を救護したり、事故の続発を防ぐための措置をしなければならない。	○	まず事故の続発を防止し、負傷者を救護してから警察官へ報告します。
問21 □□□	交差点の信号機の信号は、横の信号が赤色であっても、前方の信号が青色であるとは限らない。	○	スクランブル交差点のように、すべてが赤色になる場合もあります。
問22 □□□	図の標識のある道路は、どんな車でも通行することができるが、歩行者がいるときは徐行しなければならない。	×	歩行者用道路は、指定された車か、警察署長の許可を受けた車しか通行できません。

	問題	解答	解説
問23 □□□	車の運転は、認知・判断・操作の繰り返しであるが、このうちどれを怠っても交通事故の原因となる。	○	認知・判断・操作を怠ると、交通事故の危険が高まります。
問24 □□□	一方通行の道路では、右側に駐車してもよい。	×	一方通行の道路であっても、左側に駐車しなければなりません。
問25 □□□	踏切の信号機が青色を表示していても、車は直前で一時停止しなければならない。	×	左右の安全を確かめれば、一時停止する必要はありません。
問26 □□□	二輪車に荷物を積むときの積み荷の幅は、荷台から左右にそれぞれ0.3メートルを超えてはならない。	×	荷台から左右にそれぞれ0.15メートルを超えてはいけません。
問27 □□□	図の警察官の手信号で、警察官の身体に対面する交通に対しては、黄色の灯火信号と同じ意味である。	×	身体に対面する交通は、赤色の灯火信号と同じ意味を表します。
問28 □□□	二輪車を運転中、四輪車から見える位置にいれば、四輪車から見落とされることはない。	×	四輪車のドライバーが気づかなければ、見落とされることがあります。
問29 □□□	信号機のある交差点で、停止線のないときの停止位置は、信号機の直前である。	×	信号機の直前ではなく、交差点の直前で停止します。
問30 □□□	交通整理の行われていない道幅が同じような交差点では、左方の車は右方の車に進路を譲らなければならない。	×	右方の車は、左方の車に進路を譲らなければなりません。

	問題	解答	解説
問31 □□□	図のような交差点では、A車はB車の進行を妨げてはならない。	○	B車は優先道路を通行しているので、A車はB車の進行を妨げてはいけません。
問32 □□□	横断歩道のない交差点、またはその付近を横断している歩行者がいる場合は、減速、徐行、一時停止などをして、その通行を妨げてはならない。	○	道路を横断している人がいる場合は、その通行を妨げてはいけません。
問33 □□□	緊急自動車が近づいてきたとき、交差点に入っている車は、ただちに徐行しなければならない。	×	交差点を避け、道路の左側に寄って一時停止しなければなりません。
問34 □□□	車がほかの車を追い越すとき、前車の左側に十分な間隔があれば、左側から追い越してもよい。	×	車を追い越すときは、原則として追い越す車の右側を通行します。
問35 □□□	図の標示のある交差点で自動車が右折するときは、交差点の中心の外側を徐行しなければならない。	×	「右折の方法」を表す標示で、矢印に沿って中心の内側を徐行します。
問36 □□□	正面衝突の危険があるとき、道路外が危険な場所でない場合であっても、道路から出てはならない。	×	危険な場所でなければ、道路外に出て衝突を回避します。
問37 □□□	交差点で右折する場合、右折車が直進車より先に交差点に入っているときは、直進車より先に右折できる。	×	先に交差点に入っていても、直進車の進行を妨げてはいけません。
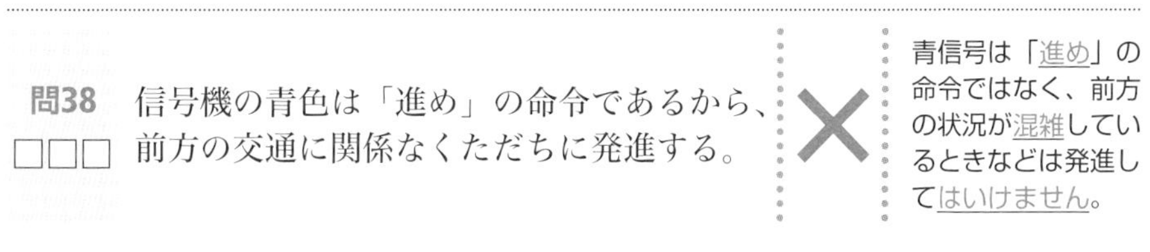 問38 □□□	信号機の青色は「進め」の命令であるから、前方の交通に関係なくただちに発進する。	×	青信号は「進め」の命令ではなく、前方の状況が混雑しているときなどは発進してはいけません。

	問題	解答	解説
問39 □□□	図の標識のあるところでは、二輪の自動車と原動機付自転車は通行できる。	○	「二輪の自動車以外の自動車通行止め」を表します。二輪の自動車と、原動機付自転車は通行できます。
問40 □□□	原動機付自転車は手軽な乗り物であるから、半そでのシャツや半ズボンなどの軽装で運転したほうがよい。	×	転倒したときのことを考えて、露出がなるべく少なくなるような長そで・長ズボンの服装で運転します。
問41 □□□	自動車損害賠償責任保険証明書または責任共済証明書は、原動機付自転車を運行の際には備え付けていなければならない。	○	運転中は、車に備え付けておかなければなりません。
問42 □□□	交差点の中まで中央線や車両通行帯がある道路を、「優先道路」という。	○	そのほか、「優先道路」の標識がある道路も優先道路です。
問43 □□□	図の標識があるところでは、この先で左方から進入してくる車があるかもしれないので、十分注意して通行しなければならない。	○	「合流交通あり」の標識で、左方から進入してくる車に注意して運転します。
問44 □□□	右折や左折の合図をする時期は、ハンドルを切り始めるのと同時がよい。	×	右折や左折の合図の時期は、その行為をしようとする地点から30メートル手前です。
問45 □□□	二輪車で走行中、エンジンの回転が上がったままになったときは、点火スイッチを切ることが大切である。	 ○	点火スイッチを切って、エンジンの回転を止めることが大切です。
問46 □□□	霧の日は早めに前照灯をつけたほうがよいが、下向きに切り替えると路面から反射するので上向きのほうがよい。	 ×	上向きは、かえって光が乱反射して見づらくなるので、下向きに切り替えます。

問題		解答	解説

問47 時速30キロメートルで進行しています。前方の車庫から車が出て止まったときは、どのようなことに注意して運転しますか？

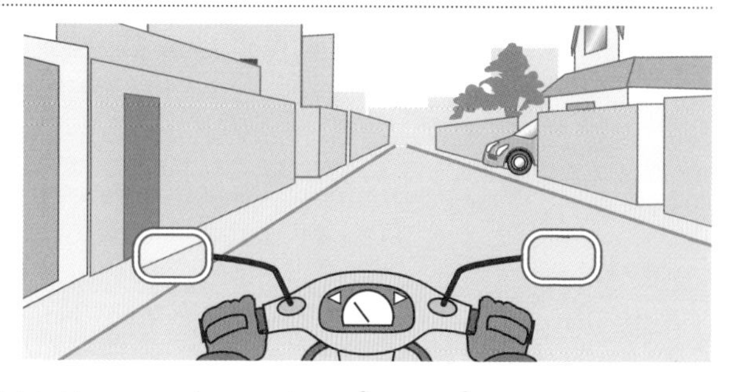

	問題	解答	解説
(1) □□□	車庫の車が急に左折を始めると自分の車は左側端に避けなければならないので、減速してその様子を見ながら注意して進行する。		減速して、前方の車の動きに注意します。
(2) □□□	車庫の車は、自分の車を止まって待っていると思われるので、待たせないように、やや加速して進行する。	×	前方の車は、自車の進行を待ってくれるとは限りません。
(3) □□□	車庫の車がこれ以上前に出ると、自分の車は進行することができなくなるので、警音器を鳴らして、自分の車が先に行くことを知らせる。	×	警音器は鳴らさず、速度を落として進行します。

問48 時速30キロメートルで進行しています。前方が渋滞しているときは、どのようなことに注意して運転しますか？

	問題	解答	解説
(1) □□□	自分の車のほうが優先道路であり、左側の車は一時停止すると思われるので、交差点の中で停止する。		左側の車は一時停止するとは限りません。
(2) □□□	後続車があるので、そのまま交差点内に入って停止する。		交差点内で停止してはいけません。
(3) □□□	左側の車の進路の妨げになるので、交差点の手前で停止する。		後続車に注意しながら、交差点の手前で停止します。

第6回 模擬テスト

次の問題を読んで、正しいと思うものについては「○」、誤りと思うものについては「×」で答えなさい。なお、問47、問48のイラスト問題については、(1)～(3)のすべてが正解しないと得点になりません。

配点
問1～問46 :各1点
問47～問48:各2点

	問題	解答	解説
問1 □□□	工事現場の鉄板の上は濡れると特に滑りやすくなるので、急ブレーキをかけなくてすむように、あらかじめ十分速度を落として走行する。	○	滑りやすい場所では、あらかじめ速度を十分落として走行します。
問2 □□□	トンネル内は、道幅や車両通行帯の有無に関係なく駐停車禁止である。	○	トンネル内は、道幅や車両通行帯の有無に関係なく駐停車禁止場所です。
問3 □□□	図の標識があるところでは、車を止めるとき、直角に駐車してはならない。（標識：直角駐車）	×	図の標識は「直角駐車」を表し、直角に駐車しなければなりません。
問4 □□□	二段階の方法で右折する原動機付自転車は、右折する場所へ直進するまで、右へ方向指示器を出さなければならない。	○	右折する場所へ直進するまで、右へ方向指示器を出します。
問5 □□□	原動機付自転車に積める荷物の高さの制限は、荷台から2メートルまでである。	×	原動機付自転車に積める荷物の高さ制限は、荷台からではなく地上から2メートルまでです。
問6 □□□	交通事故を起こし、事故の相手方と話し合いがついたので、後日事故の件を警察官に報告した。	×	交通事故を起こしたら、すぐに警察官に報告しなければなりません。

	問題	解答	解説
問7 □□□	車を運転して集団で走行する場合は、ジグザグ運転や巻き込み運転など、ほかの車に危険を生じさせたり迷惑をおよぼすような行為をしてはならない。	○	危険を生じさせたり、迷惑をおよぼすような行為をしてはいけません。
問8 □□□	図の補助標識は、本標識が示す交通規制の「終わり」を表している。	×	「始まり」を表す補助標識です。本標識が示す交通規制の始まりを表しています。
問9 □□□	黄色の矢印信号は、路面電車と路線バスだけ矢印の方向に進行することができる。	×	黄色の矢印信号で進めるのは路面電車だけで、路線バスも含めてほかの車は進むことができません。
問10 □□□	後ろの車が自分の車を追い越そうとしているときは、前の車を追い越してはならない。	○	後方の車が追い越そうとしているときは、前の車を追い越してはいけません。
問11 □□□	踏切を通過しようとするときは、その手前で一時停止して、左右の安全を確認するとともに、そのまま進むと踏切内で動きがとれなくなるおそれがあるときは、踏切内に入ってはならない。	○	踏切では、手前で一時停止して左右の安全を確認するとともに、その先の交通の状況なども確かめなければなりません。
問12 □□□	図の標識のある道路は、原動機付自転車も自動二輪車も通行することができない。	○	「二輪の自動車、一般原動機付自転車通行止め」を表し、原動機付自転車も自動二輪車も通行することができません。
問13 □□□	二輪車を運転してカーブを走行するときは、カーブの手前で速度を落とし、カーブの後半では、前方の確認をしてからやや加速するようにする。	○	二輪車でカーブを走行するときは、設問のようにして行います。
問14 □□□	センターラインは、必ず道路の中央にあるとは限らない。	○	中央線は、必ずしも道路の中央に引かれているとは限りません。

	問題	解答	解説
問15 □□□	時速40キロメートルの速度制限がある道路でも、原動機付自転車は時速30キロメートルを超える速度で運転してはならない。	○	原動機付自転車の最高速度は時速30キロメートルです。
問16 □□□	図の道路標示があるところであっても、右左折するための進路変更は禁止されていない。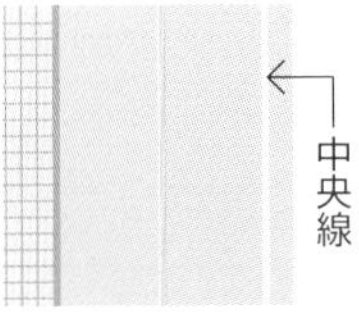	×	図の標示は「進路変更禁止」を表し、右左折のためであっても進路変更することができません。
問17 □□□	原動機付自転車でカーブを曲がるときは、車体を外側に傾けるようにする。	×	カーブでは遠心力が作用するため、内側に傾けないと曲がれません。
問18 □□□	走行中、地震に関する警戒宣言が発せられた場合、車を置いて避難するときは、できるだけ道路外に停止させる。	○	緊急通行車両の通行を妨げないように、できるだけ道路外に停止させます。
問19 □□□	交差点以外の横断歩道や踏切のないところで、警察官が手信号による交通整理をしているときは、その手信号に従わなくてもよい。	×	警察官の手信号には、従わなければなりません。
問20 □□□	図の標識のある道路を通行する車は、見通しの悪い交差点で徐行しなければならない。	×	進行している道路は優先道路なので、必ずしも徐行する必要はありません。
問21 □□□	二輪車の乗車姿勢は、前かがみになるほど風圧が少なくなるので運転しやすくなる。	×	前かがみになりすぎると、視野が狭くなって危険です。
問22 □□□	ぬかるみ、砂利道などの悪路では、ハンドルをとられたりタイヤがスリップしやすいので、あらかじめ減速し、急発進、急ブレーキ、急ハンドルをしないようにする。	○	悪路では、あらかじめ減速し、「急」のつく動作をしないようにします。

	問題	解答	解説
問23 □□□	交差点で左折するとき、バックミラーと目視で後方や左側方の安全を確認すれば、左側端から離れて大回りしてもよい。	 ×	左側端から離れて大回りすると、対向車に衝突する危険があります。
問24 □□□	交通整理の行われていない図の交差点では、原動機付自転車より、左方の普通自動車のほうが先に通行できる。 広い 狭い	×	道幅の広い道路を走る原動機付自転車が先に通行できます。
問25 □□□	疲れると視力が低下し、障害物を見落としたり見誤ったりするので、運転を中止して休息をとるようにする。	○	疲労の影響は目にもっとも強く現われるので、休息をとって疲労をとります。
問26 □□□	二輪車に乗るときは、衣服が風雨にさらされて汚れやすいので、なるべく黒く目立たない服装がよい。	×	二輪車に乗るときは、視認性を高めるため、なるべく目につきやすい明るい色の服装を着用しましょう。
問27 □□□	学校や幼稚園の近くを通行するときは、必ず徐行しなければならない。	×	学校や幼稚園の近くでは、必ずしも徐行する必要はなく、子どもの飛び出しなどに注意して通行します。
問28 □□□	こう配の急な下り坂では駐車してはならないが、こう配の急な上り坂では駐車してもよい。	×	こう配の急な坂は、上り坂も下り坂も駐停車禁止場所に指定されています。
問29 □□□	図の信号機の信号と、矢印方向から進行する警察官の手信号ならびに灯火信号は同じ意味である。 	○	矢印方向の手信号と灯火信号は、ともに信号機の赤色の灯火と同じ意味を表します。
問30 □□□	二輪車のエンジンを止めて押して歩くときは、歩行者として扱われるので歩道を通行できる。	○	二輪車のエンジンを止めて押して歩くときは、歩行者として扱われるので、歩道を通行できます。

問題	解答	解説
問31 □□□ マフラーの故障のために騒音を出したり、煙を多量に出すような車は、ほかの人に迷惑をかけるので運転が禁止されている。	○	騒音や多量の煙を出すような車は、運転してはいけません。
問32 □□□ 青信号の交差点に入ろうとしたときに、警察官が「止まれ」の指示をしたので、交差点の直前で停止した。	○	交差点の直前(横断歩道や自転車横断帯があるときはその直前)で、一時停止しなければなりません。
問33 □□□ 図のマークをつけている車に対しては、追い抜きや追い越しをしてはならない。	×	「身体障害者マーク」です。追い抜きや追い越しは、特に禁止されていません。
問34 □□□ 車が連続して進行している場合、前の車が交差点や踏切などで停止したり徐行しているときは、その側方を通過して車と車の間に割り込んだり、その前を横切ってはならない。	○	設問のような場合は、その側方を通過して車と車の間に割り込んだり、その前を横切ってはいけません。
問35 □□□ 前方が混雑しているため、踏切内で停止するおそれがあったが、警報機が鳴っていないのでそのまま進入した。	×	踏切内で停止するおそれがある場合は、進入してはいけません。
問36 □□□ 車の速度が上るにつれて人間の視力は低下し、特に近くの物が見えにくくなる。	○	人間の視力は、速度が上るにつれて低下します。
問37 □□□ 交差点の手前に「止まれ」の標識があったが停止線はなかったので、交差点の直前に停止して安全確認した。	○	設問のような場合は、交差点の直前で停止して、安全を確かめます。
問38 □□□ 図の標識があったが、通行する車がなく、人もいなかったので、警音器を鳴らしながらそのままの速度で通行した。	×	「徐行」の標識があるところでは、通行する車がなくても徐行しなければなりません。

	問題	解答	解説
問39 □□□	原動機付自転車は手軽な乗り物なので、四輪車と違って、あまり運転技術を必要としない。	×	停止すると安定性が失われるので、四輪車と違った運転技術が必要です。
問40 □□□	車の所有者は、酒を飲んでいる人や無免許の人に車を貸してはならない。	○	設問のような責任は、車の所有者にも問われる場合があります。
問41 □□□	一方通行の道路では、道路の中央から右側部分に入って通行することができる。	○	対向車が来ないので、右側部分に入って通行することができます。
問42 □□□	車は、道路に面した場所に出入りするため、歩道や路側帯を横切る場合は、歩行者の通行を妨げないよう、徐行して通行する。	×	一時停止して、歩行者の通行を妨げないようにします。
問43 □□□	図の２つの標識があるところでは、いずれも左折しかすることができない。	○	左は「指定方向外進行禁止」、右は「進行方向別通行区分」で、ともに左折しかできません。
問44 □□□	運転中の疲労とその影響は、目にもっとも強く現われ、見落としや見間違いが多くなったり、判断力が低下する。	○	運転中の疲労の影響は、目にもっとも強く現われます。
問45 □□□	雨に濡れた道路を走るときや、重い荷物を積んでいるときは、空走距離と制動距離が長くなる。	×	設問の場合、制動距離は長くなりますが、空走距離は長くなるとは限りません。
問46 □□□	明るさが急に変わると、視力は一時的に低下する。	○	急に暗くなったり明るくなったりすると、視力は一時的に低下します。

問題 解答 解説

問47 時速30キロメートルで進行しています。どのようなことに注意して運転しますか？

	問題	解答	解説
(1) □□□	トンネル内の暗さに目が慣れるまでは危険なので、あらかじめ速度を落としてトンネルに入る。	○	暗さに目が慣れるまでの危険を予測して、速度を落とします。
(2) □□□	まぶしさに目がくらんだ対向車がセンターラインを越えてくるかもしれないので、速度を落として左寄りを走行する。	○	対向車の中央線を越えてくる危険を予測して、左寄りを走行します。
(3) □□□	トンネル内の暗さに目が慣れるまでは危険なので、前車の尾灯を目安にしながら、車間距離をつめて走行する。	×	車間距離をつめて走行すると、前車に追突するおそれがあります。

**問48** 時速30キロメートルで進行しています。どのようなことに注意して運転しますか？

	問題	解答	解説
(1) □□□	右側の路地の子どもは、急に車道に飛び出してくるおそれがあるので、車道の左側端に寄って進行する。	×	左側の子どもたちに接触するおそれがあります。
(2) □□□	左側の子どもたちは、歩道上で遊んでいるため急に車の前に出てくることはないので、このまま進行する。	×	左側の子どもたちが車道に出てくるおそれがあります。
(3) □□□	子どもたちは、予測できない行動をとることがあるので、警音器を鳴らしてこのままの速度で進行する。	 ×	警音器は鳴らさず、速度を落とします。

著者略歴

長 信一（ちょう しんいち）

1962年、東京生まれ。1983年、都内にある自動車教習所に入社。1986年、運転免許証にある全種類の免許を完全取得。指導員として多数の合格者を世に送り出すかたわら、所長代理を歴任。現在は「自動車運転免許研究所」の所長として、運転免許関連の書籍を多数執筆中。手がけた本は200冊を超える。趣味は、オートバイに乗ること。雑誌、テレビでも活躍中。

●お問い合わせ●

本書の内容に関するお問い合わせは、書名・発行年月を明記の上、下記宛先まで書面またはFAXにてお願いいたします。電話によるお問い合わせはお受けしておりません。なお、本書の範囲をこえるご質問などにはお答えできませんので、あらかじめご了承ください。

〒101-0061
東京都千代田区三崎町 2-11-9 石川ビル 4F
有限会社ヴュー企画　読者質問係
FAX：03-5212-6056
e-mail：info@viewkikaku.co.jp

本書の内容に関するお問い合わせは、**書名、発行年月日、該当ページを明記**の上、書面、FAX、お問い合わせフォームにて、当社編集部宛にお送りください。**電話によるお問い合わせはお受けしておりません。**
また、本書の範囲を超えるご質問等にもお答えできませんので、あらかじめご了承ください。

FAX：03－3831－0902
お問い合わせフォーム：https://www.shin-sei.co.jp/np/contact-form3.html

一発で合格！
原付免許 合格問題集 改訂新版

2023年 2 月15日　初版発行
2024年 4 月15日　第 3 刷発行

著　者　長　信一
発行者　富永靖弘
印刷所　公和印刷株式会社

発行所　東京都台東区 台東 2 丁目24　株式会社 新星出版社
〒110-0016 ☎03(3831)0743

ISBN978-4-405-02749-7

一発で合格!

原付免許

合格問題集

試験直前!

別冊付録

交通ルール 最終確認BOOK

新星出版社

一発で合格!

原付免許　合格問題集

試験直前!

交通ルール最終確認BOOK

Contents

まぎらわしい 標識・標示に注意!

次に示す標識・標示が「A」「B」どちらになるかを記号で答えなさい。
赤シートを使って解答を隠しながら解きましょう。

まぎらわしい標識

A 通行止め □□
歩行者、車、路面電車のすべてが通行できない

B 駐停車禁止 □□
車は駐車や停車をしてはいけない

解答 A　　解答 B

A 駐車禁止 □□
車は駐車をしてはいけない

B 車両通行止め □□
車（自動車、原動機付自転車、軽車両）は通行できない

解答 B　　解答 A

A 二輪の自動車・一般原動機付自転車通行止め □□
二輪の自動車（大型自動二輪車と普通自動二輪車）と原動機付自転車は通行できない

B 大型自動二輪車および普通自動二輪車二人乗り通行禁止 □□
大型自動二輪車と普通自動二輪車は二人乗りをして通行してはいけない(側車付きを除く)

解答 A　　解答 B

A 追越しのための右側部分はみ出し通行禁止 □□
車は道路の右側部分にはみ出して追い越しをしてはいけない

B 追越し禁止 □□
車は追い越しをしてはいけない

追越し禁止

解答 A　　解答 B

A 左折可 □□

車は歩行者などまわりの交通に注意しながら左折できる

B 一方通行 □□

車は矢印の示す方向の反対方向には通行できない

解答 B

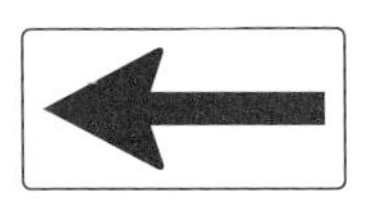

解答 A

A 専用通行帯 □□

標示板に表示された車の専用の通行帯を示す（この場合は路線バスなど）

B 路線バス等優先通行帯 □□

路線バスなどの優先通行帯を示す

解答 A

解答 B

A 一般原動機付自転車の右折方法（小回り） □□

原動機付自転車は右折するとき、小回りの方法（あらかじめ道路の中央に寄って通行する方法）で右折しなければならない

B 一般原動機付自転車の右折方法（二段階） □□

原動機付自転車は右折するとき、二段階の方法（あらかじめ道路の左端に寄って通行する方法）で右折しなければならない

解答 B

解答 A

A 歩行者等横断禁止 □□

歩行者は横断できない

B 歩行者等通行止め □□

歩行者は通行できない

解答 B

解答 A

A 横断歩道 □□

横断歩道を示す

B 学校、幼稚園、保育所等あり □□

この先に学校、幼稚園、保育所などがある

解答 A

解答 B

A 車線数減少 □□
この先は車線数が減少する

B 幅員減少 □□
この先は幅員が減少する

解答 A　解答 B

A 始まり □□
本標識が示す交通規制の始まりを示す

B 終わり □□
本標識が示す交通規制の終わりを示す

解答 B　解答 A

まぎらわしい標示

A 終わり □□
転回禁止区間の終わりを示す

B 転回禁止 □□
車は転回してはいけない

解答 B　解答 A

A 追越しのための右側部分はみ出し通行禁止 □□
AとBの部分を通行する車は、いずれも追い越しのため道路の右側部分にはみ出して通行してはいけない

B 進路変更禁止 □□
Aの車両通行帯を通行する車はBへ、Bの車両通行帯を通行する車はAへ進路を変えてはいけない

解答 A　解答 B

A 駐車禁止 □□
車は駐車をしてはいけない

B 駐停車禁止 □□
車は駐車や停車をしてはいけない

解答 B　解答 A

A 最高速度 □□

車と路面電車は時速50キロメートルを超えて運転してはいけない（原動機付自転車と他の車をけん引する自動車を除く）

B 終わり □□

時速50キロメートルの規制速度区間の終わりを示す

解答 A

解答 B

A 立入り禁止部分 □□

車はこの標示の中に入ってはいけない

B 停止禁止部分 □□

車と路面電車は前方の状況によりこの標示の中で停止するおそれがあるときは、この中に入ってはいけない

解答 A

解答 B

A 路面電車停留所 □□

路面電車の停留所であることを示す

B 安全地帯 □□

安全地帯であることを示す

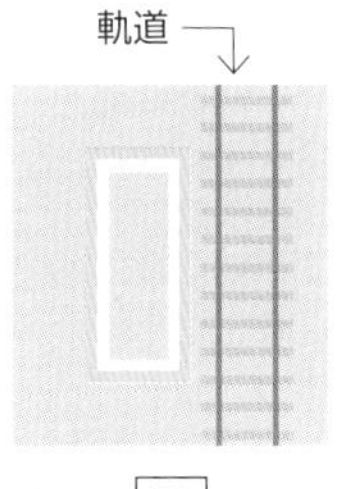

解答 B

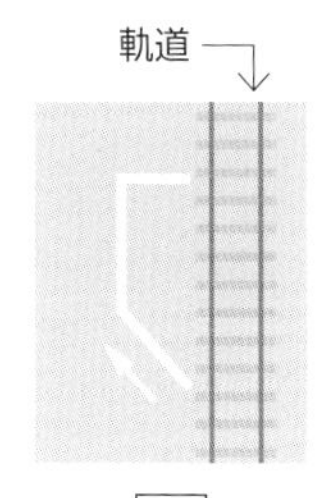

解答 A

A 横断歩道または自転車横断帯あり □□

前方に横断歩道や自転車横断帯があることを示す

B 前方優先道路 □□

この標示がある道路と交差する前方の道路が優先道路であることの予告を示す

解答 A

解答 B

A 専用通行帯 □□

表示された車の専用通行帯であることを示す

B 路線バス等優先通行帯 □□

路線バスなどの優先通行帯であることを示す

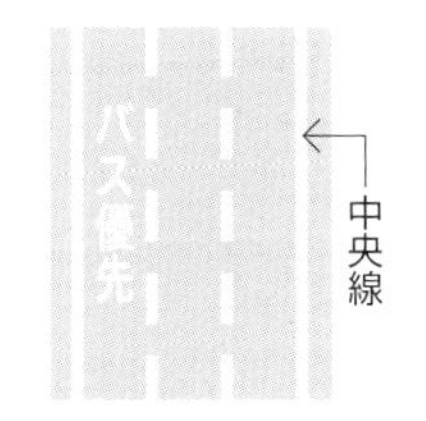

解答 B

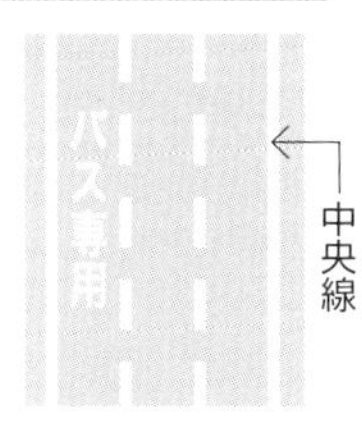

解答 A

必ず覚えたい！ 重要交通用語25

学科問題では、交通用語の意味が重要になります。正しく理解しましょう。

あ行

□安全地帯（あんぜんちたい）

路面電車に乗り降りする人や道路を横断する歩行者の安全を図るために、道路上に設けられた島状の施設や、標識と標示によって示された道路の部分

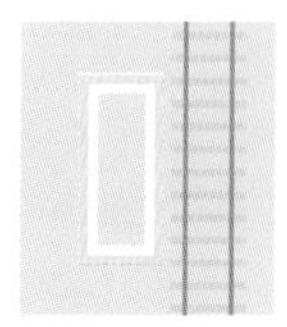

□追い越し（おいこし）

車が進路を変えて、進行中の前の車などの前方に出ること

□追い抜き（おいぬき）

車が進路を変えないで、進行中の前の車などの前方に出ること

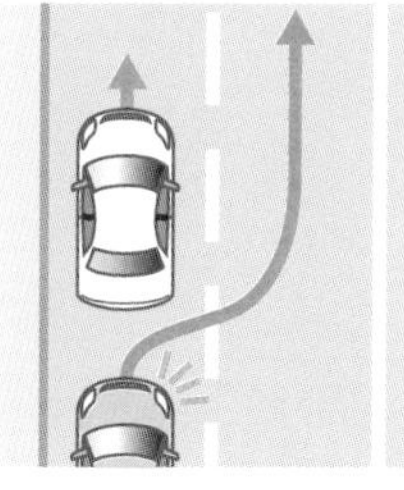

追い抜き

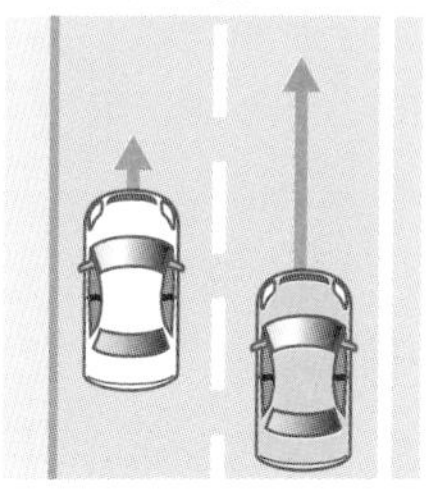

か行

□軌道敷（きどうしき）

路面電車が通行するために必要な道路の部分（レールの敷いてある内側部分とその両側0.61メートルの範囲）

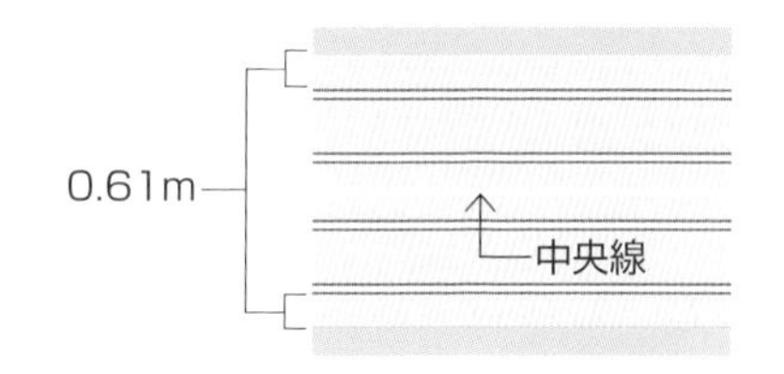

□車（くるま）

自動車、原動機付自転車、軽車両、トロリーバス

□車など（くるま）

車と路面電車の総称

□軽車両

自転車(低出力の電動機のついたハイブリッド自転車を含む)、荷車、リヤカー、そり、牛馬など

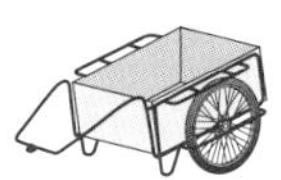

□原動機付自転車

総排気量が50cc（定格出力0.60kw）以下の二輪車、または総排気量が20cc（定格出力0.25kw）以下の三輪以上の車〔左右の車輪の距離が0.5メートル以下で車室を有しないものは50cc（定格出力0.60kw）以下〕で、自転車、身体障害者用の車いす、歩行補助車など以外の車

□高速道路

高速自動車国道と自動車専用道路の総称

□交通巡視員

歩行者や自転車の通行の安全確保と、駐停車の規制や交通整理などの職務を行う警察職員

□こう配の急な坂

おおむね10%（約6度）以上のこう配の坂

さ行

□自転車

人の力で運転する二輪以上の車(低出力の電動機のついたハイブリッド自転車を含む)。身体障害者用の車いす、小児用の車、歩行補助車などはこれに含まれない

□自動車

原動機を用い、レールや架線に寄らないで運転する車。原動機付自転車、自転車、身体障害者用の車いす、歩行補助車などはこれに含まれない

□車両通行帯（しゃりょうつうこうたい）

車が道路の定められた部分を通行するように標示によって示された道路の部分。一般に車線やレーンともいう

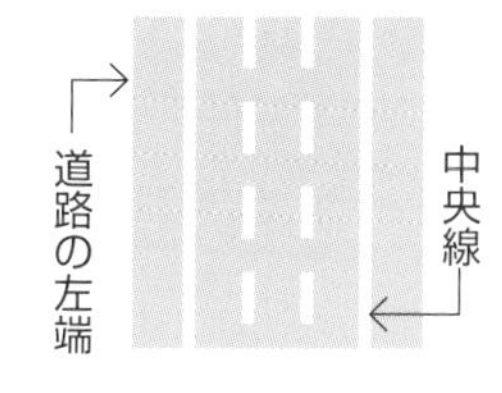

□徐行（じょこう）

車がすぐに停止できるような速度で進行することをいう。一般に、ブレーキを操作してから停止するまでの距離がおおむね1メートル以内の速度で、時速10キロメートル以下の速度

□専用通行帯（せんようつうこうたい）

標識や標示によって示された車だけが通行できる車両通行帯

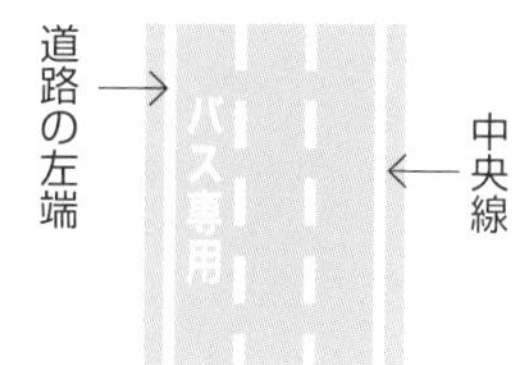

た行

□駐車（ちゅうしゃ）

車などが客待ち、荷待ち、荷物の積みおろし、故障その他の理由により継続的に停止すること（人の乗り降りや5分以内の荷物の積みおろしのための停止を除く）。また、運転者が車から離れてすぐに運転できない状態で停止すること

□停車（ていしゃ）

駐車にあたらない車の停止

□道路（どうろ）

一般の人や車が自由に通行できる場所。公園、空き地、私道などもこれに含まれる

な・は行

□標示

道路の交通に関し、規制や指示のため、ペイントやびょうなどによって路面に示された線や記号や文字のこと

□標識

道路の交通に関し、規制や指示などを示す標示板のことで、本標識と補助標識がある

□歩行者

道路を通行している人のこと。身体障害者用の車いす、小児用の車、歩行補助車などに乗っている人はこれに含まれる

ま・や・ら・わ行

□優先道路

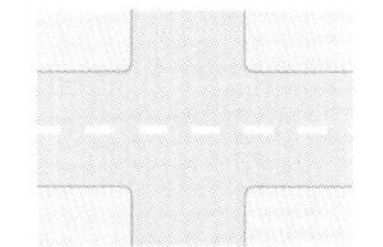

「優先道路」の標識のある道路や交差点の中まで中央線や車両通行帯がある道路

□路側帯

歩行者の通行のためや、車道の効用を保つため、歩道のない道路（片側に歩道があるときは歩道のない側）に、白線によって区分された道路の端の帯状の部分

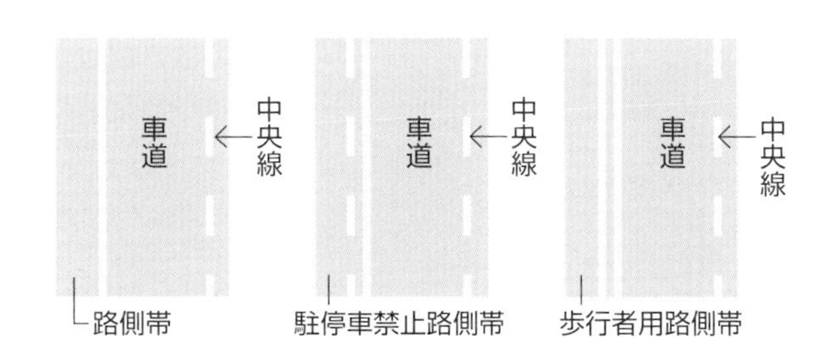

□路面電車

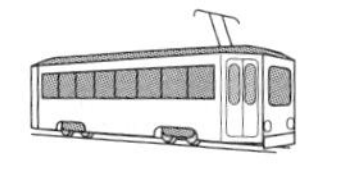

道路上をレールにより運転する車

試験に出る場所をチェック！

次の場所は、重要な交通ルールに関連しており、よく出題されます。
交通ルールを場所別に整理して覚えましょう。

1 交差点 □□

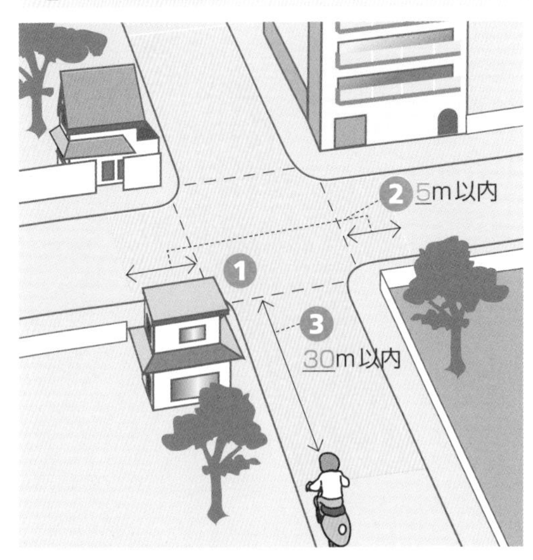

① 徐行しなければならない場所 ➡P60

左右の見通しがきかない交差点は、徐行すべき場所である（交通整理が行われている場合や優先道路を通行している場合を除く）

② 駐停車禁止場所 ➡P68・69

交差点とその端から5メートル以内の場所は、車の駐停車が禁止されている

③ 追い越し禁止場所 ➡P73

交差点とその手前から30メートル以内の場所は、追い越しが禁止されている（優先道路を通行している場合を除く）

2 道路の曲がり角付近 □□

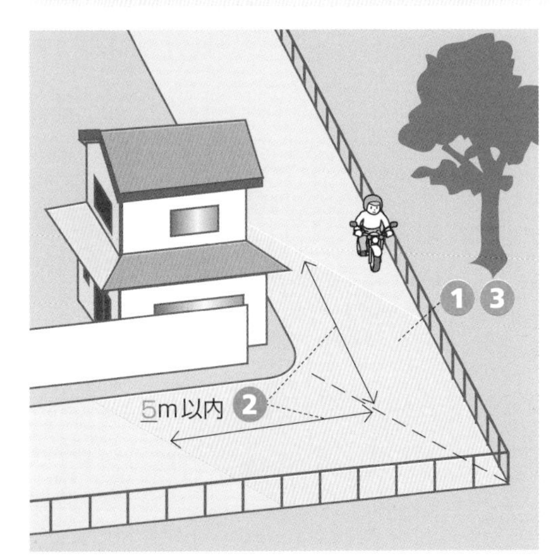

① 徐行しなければならない場所 ➡P60

道路の曲がり角付近は徐行すべき場所である

② 駐停車禁止場所 ➡P68・69

道路の曲がり角から5メートル以内の場所は、車の駐停車が禁止されている

③ 追い越し禁止場所 ➡P73

道路の曲がり角付近は追い越しが禁止されている

3 横断歩道や自転車横断帯 □□

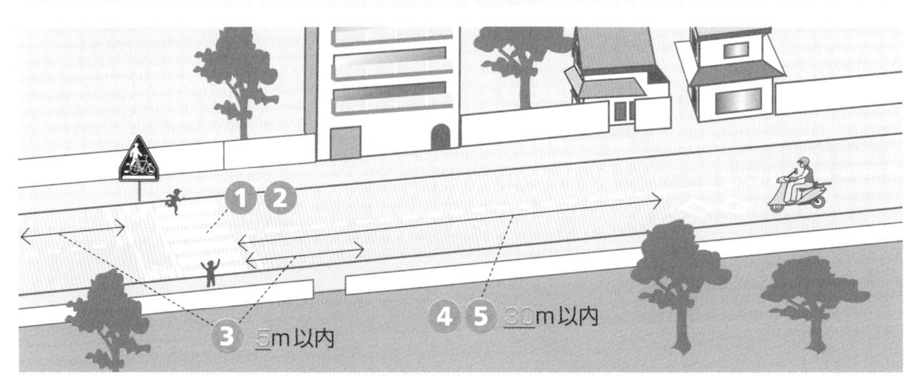

1 横断歩道や自転車横断帯とその手前に停止している車があるとき

➡P44

前方に出る前に一時停止する

2 横断歩道や自転車横断帯に近づいたとき ➡P44

①歩行者や自転車がいないことが明らかなときは、そのまま進行できる
②歩行者や自転車がいるかいないか明らかでないときは、停止できるように速度を落として進む
③歩行者や自転車が横断している（しようとしている）ときは、一時停止して道を譲る

3 駐停車禁止場所 ➡P68·69

横断歩道や自転車横断帯とその端から前後5メートル以内の場所は、車の駐停車が禁止されている

4 追い越し禁止場所 ➡P73

横断歩道や自転車横断帯とその手前から30メートル以内の場所は、追い越しが禁止されている

5 追い抜き禁止場所 ➡P73

横断歩道や自転車横断帯とその手前から30メートル以内の場所は、追い抜きも禁止されている

4 坂道 □□

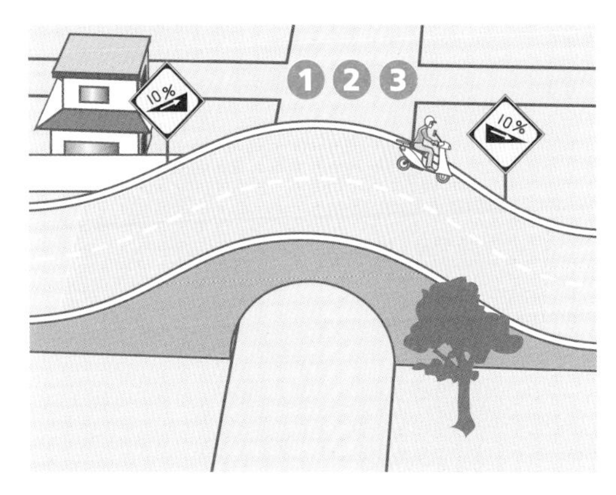

1 徐行しなければならない場所 ➡P60

上り坂の頂上付近とこう配の急な下り坂は、徐行すべき場所である

2 駐停車禁止場所 ➡P68·69

坂の頂上付近とこう配の急な坂は、車の駐停車が禁止されている（上りも下りも）

3 追い越し禁止場所 ➡P73

上り坂の頂上付近とこう配の急な下り坂は、追い越しが禁止されている

試験直前! 頻出おさらい問題

頻出度の高い交通ルールの問題です。次の問題を読んで、正しいと思うものについては「○」、誤りと思うものについては「×」で答えなさい。

	問題	解答	解説

重要交通用語25 ➡別冊P6

	問題	解答	解説
問1 □□□	車とは、自動車、原動機付自転車、軽車両、トロリーバスのことをいう。	○	原動機付自転車や自転車などの軽車両も、車に含まれます。
問2 □□□	追い越しとは、車が進路を変えて、進行中の前の車の前方に出ることをいう。	○	追い越しとは、進路を変えて進行中の前車の前方に出ることをいいます。
問3 □□□	駐車とは、車が継続的に停止することや、運転者が車から離れていてすぐに運転できない状態で停止することをいう。	○	客待ち、荷待ち、5分を超える荷物の積みおろし、故障なども、駐車に該当します。
問4 □□□	標識とは、交通の規制などを示す標示板のことをいい、本標識と案内標識の2種類がある。	×	標識とは設問のとおりですが、本標識と補助標識の2種類があります。

交差点の通行方法・信号がない交差点の通行方法 ➡P52・54

	問題	解答	解説
問1 □□□	交差点で右折しようとして自分の車が先に交差点内に入っているときは、前方からくる直進車や左折車よりも先に通行することができる。	×	たとえ先に交差点に入っていても、直進車や左折車の進行を妨げてはいけません。

	問題	解答	解説
問2 □□□	交差点で左折する大型自動車の直後を走行する原動機付自転車は、巻き込まれないように十分注意しなければならない。		大型自動車の直後は、巻き込まれに特に注意が必要です。
問3 □□□	交通整理の行われている片側3車線以上の交差点で原動機付自転車が右折するときは、標識などによる指定がなければ、二段階の方法によって右折しなければならない。		片側3車線以上の交差点では、原動機付自転車は二段階の方法で右折しなければなりません。
問4 □□□	図の標識は、原動機付自転車が交差点で右折するとき、自動車と同じ方法で右折しなければならないことを表している。 	○	「一般原動機付自転車の右折方法（小回り）」の標識で、あらかじめ道路の中央に寄って右折しなければなりません。

歩行者などのそばを通るとき ➡P40

➡P40

	問題	解答	解説
問1 □□□	安全地帯のそばを通るときは、歩行者がいるときは徐行しなければならないが、いないときは徐行しなくてもよい。		安全地帯に歩行者がいないときは、徐行しなくてもかまいません。
問2 □□□	左右の見通しの悪い交差点を通行する場合は、優先道路を通行しているときであっても、必ず徐行しなければならない。		信号機があったり優先道路を通行しているときは、徐行の必要はありません。
問3 □□□	白色や黄色のつえを持って通行している人がいるときは、一時停止するか徐行しなければならない。		設問のような人が通行しているときは、一時停止か徐行をしなければなりません。
問4 □□□	歩行者のそばを通るときは、必ず徐行しなければならない。		歩行者との間に安全な間隔がとれれば、必ずしも徐行する必要はありません。

問題	解答	解説

追い越しのルールと禁止場所 ➡P72

問1 □□□

図の標識は、「追い越し禁止」を表している。

「追い越しのための右側部分はみ出し通行禁止」を表します。車は、道路の右側部分にはみ出さなければ、追い越しをすることができます。

問2 □□□

横断歩道や自転車横断帯とその手前から30メートル以内の場所では、追い越しや追い抜きをしてはならない。

設問の場所は、追い越しも追い抜きも禁止されています。

問3 □□□

前の車が右折などのため右側に進路を変えようとしているときは、その車を追い越してはならない。

設問のような場合は、追い越しが禁止されています。

問4 □□□

図の標示のあるところでは、A車は中央線を越えて追い越しをしてはならないが、B車は中央線を越えて追い越しをしてもよい。

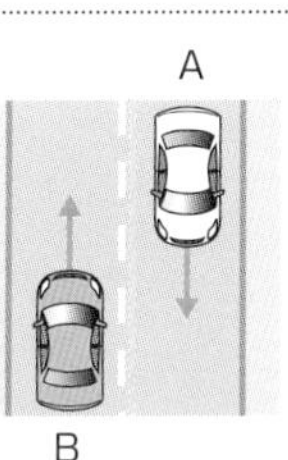

○

A車の側に黄色の線があるので、A車は中央線を越えて追い越してはいけません。

駐停車禁止場所 ➡P68

問1 □□□

坂の頂上付近やこう配の急な坂は、上りも下りも駐停車禁止場所である。

上りも下りも、駐停車禁止場所として指定されています。

問2 □□□

自転車横断帯とその端から前後10メートル以内では、駐停車をしてはならない。

10メートル以内ではなく、5メートル以内の場所が駐停車禁止場所です。

問題	解答	解説
問3 □□□ 二輪車は四輪車と違い、他の交通の妨げになることは少ないので、駐車禁止場所でも駐車することができる。		駐車禁止の場所では、二輪車でも駐車することはできません。
問4 □□□ 図の標示のある場所では、駐車はできないが停車はできる。 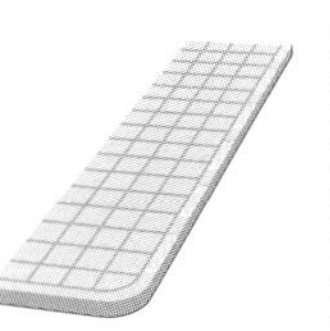	○	黄色の破線の標示は、「駐車禁止」を表します。

駐車と停車の意味・駐停車の方法 ➡P64・65

問題	解答	解説
問1 □□□ 人の乗り降りや5分以内の荷物の積みおろしのための停止は、駐車にはならない。	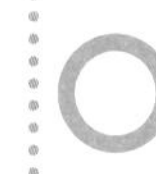	駐車にあたらない短時間の車の停止なので、停車になります。
問2 □□□ 道路工事の区域の端から5メートル以内の場所は、駐車も停車も禁止されている。		設問の場所は、駐車は禁止されていますが、停車は禁止されていません。
問3 □□□ 歩道や路側帯のない道路で駐車や停車をするときは、車の左側に0.75メートル以上の余地をあけ、歩行者の通行を妨げないようにしなければならない。		道路の左端に沿って止め、車の右側の余地を多くとるようにします。
問4 □□□ 図の標識のあるところでは、車は駐車も停車もしてはならない。 	○	「駐停車禁止」を表しています。車は、駐車も停車も禁止されています。

試験当日までの準備チェックリスト

本書購入から試験当日までに準備することをチェックリストにまとめました。
スケジュールや試験会場までの行き方を書き込み、免許取得計画を立ててみましょう。

✓受験スケジュール

	内容	予定日	予備日
□	本書購入日	月　日（　曜日）	
□	勉強期間	月　日（　曜日）〜　月　日（　曜日）	
□	学科試験	月　日（　曜日）	月　日（　曜日）
□	免許証取得予定日	月　日（　曜日）	

✓受験に必要なもの

	必要なもの	詳細
□	住民票または免許証	本籍が記載された住民票が必要（免許証がある人は除く）
□	身分証明証	健康保険証やパスポートなどの身分証明証の提示が必要（免許証がある人は除く）
□	証明写真	過去6ヶ月以内に撮影したもの。縦30ミリ×横24ミリ、上三分身、正面、無背景
□	筆記用具	鉛筆、消しゴム、ボールペン、メモ帳など
□	運転免許申請書	試験場の受付で用意してあります。見本を見ながら必要事項を記入します
□	受験手数料	交通費、受験料、免許証交付料が必要
□	原付講習終了証明書	すでに原付講習が終了した人に限る

✓試験場の住所など

	情報	内容（事前に調べておきましょう）
□	住所	
□	電話番号	
□	最寄りの駅など	
□	所要時間	時間　分（ギリギリで・余裕をもって）

✓当日のタイムスケジュール

	内容	起床	到着予定	試験開始
□	（1回目） 学科試験　月　日（　曜日）	時間　分	時　分	時　分
□	（2回目） 学科試験　月　日（　曜日）	時間　分	時　分	時　分
□	（3回目） 学科試験　月　日（　曜日）	時間　分	時　分	時　分